食尚五千年·

中国传统美食笔记

虫离先生 著

江苏凤凰科学技术出版社·南京

图书在版编目（CIP）数据

食尚五千年 ：中国传统美食笔记 / 虫离先生著．—
南京 ：江苏凤凰科学技术出版社，2022.5（2023.11 重印）
　　ISBN 978-7-5713-2858-0

　　Ⅰ．①食… Ⅱ．①虫… Ⅲ．①饮食－文化－中国
Ⅳ．① TS971.202

　　中国版本图书馆 CIP 数据核字（2022）第 050198 号

食尚五千年：中国传统美食笔记

著　　　者	虫离先生
项 目 策 划	凤凰空间／徐　磊
责 任 编 辑	刘屹立　赵　研
特 约 编 辑	徐　磊

出 版 发 行	江苏凤凰科学技术出版社
出版社地址	南京市湖南路 1 号 A 楼，邮编：210009
出版社网址	http://www.pspress.cn
总 经 销	天津凤凰空间文化传媒有限公司
总经销网址	http://www.ifengspace.cn
印　　　刷	雅迪云印（天津）科技有限公司

开　　　本	710 mm×1 000 mm　1 / 16
印　　　张	15
字　　　数	200 000
版　　　次	2022 年 5 月第 1 版
印　　　次	2023 年 11 月第 2 次印刷

标 准 书 号	ISBN 978-7-5713-2858-0
定　　　价	98.00 元

图书如有印装质量问题，可随时向销售部调换（电话：022-87893668）。

前言

　　提起中国美食，大家都会说一句"源远流长"，但是怎么个远法，怎么个长法，可能往往说不上来。

　　身为一个"吃货"，对食物是怎么没的自然是"肚明"的，倘若也能"心知"食物是怎么来的，无疑更副"吃货"之雅望。

　　本书所谈的便是中国几十种经典食材、食物和烹饪之法的"源"与"流"，也就是"食物是怎么来的"过程。今天的食物，何以成为今天的模样？在从前又是什么样子？中间衍生过怎样奇葩的吃法？食物之间经历了哪些史诗般的竞争、兴衰和进化？历史上的气候与环境变迁，对中国传统的饮食格局产生了哪些影响？

　　这一漫长的过程绵延数千年乃至数万年，在此期间，人类驯化食材，创制和传承食物，食物也在塑造着文明。当我们吃饭时，眼前或丰或简的食物背后，有无法想象的政治、社会、经济因素参与其中，每一步合作、每一个环节、每一次餐桌上的最终呈现，都代表了历代先辈经验的结晶。古往今来，食物的故事几乎构成了整部人类历史。因此，回溯食物的源流，就是回溯我们来时的路。而这样做的目的，一如郭沫若先生所言："认清楚过往的来程，也正好决定我们未来的去向。"

虫离先生

目录

上古战争：
水稻的力量

在完成那次举世瞩目的文化摆渡之前，河姆渡只是个默默无闻的古渡口，以及依渡口而立的小村庄。

1973年夏，雨季即将掩至，浙江省东部，姚江之畔，那个当时只有二十九户居民的村子，正加紧筹备排涝工作。村民们要新建一座机电翻水站，以提高排涝能力，同时改善地势低洼稻田的产量。罗江公社组织人手，在村子北侧的旧有排涝站旁施工。当水闸基坑下挖至3米深时，翻动的土层浮现出大量黑陶片、石器和动物遗骸，一位到现场巡察的负责人见状，警觉地叫停了工程，立即电告文物部门。后续考古发掘工作随即展开，一个分布范围达4公顷的庞大遗址重见天日。沉睡了七千年的远古文化、民族古老的灵魂碎片倏然醒来，将这个不起眼的渡口小村凝刻为举世瞩目的文化符号。

河姆渡遗址的发现，有如平湖坠石，激起的水波持续扩散，先是地方重视，继而举国关注，最终惊荡七海，震动世界。无数人从四面八方赶来，迎接这艘棹过了七千年幽暗时光的历史渡船。他们震惊于那数以千计烧造技艺高超的陶器，震惊于器物表面繁复而神秘的艺术纹样，尤其令他们震惊的，莫过于庞大的远古栽培稻遗迹。在河姆渡遗址，考古人员发掘出厚达半米的稻谷、稻秆及稻叶的堆积，按照堆积的厚度和面积计算，仅第一期发掘的稻谷总量便超过100吨。部分稻谷保存完好，出土之时，叶片仍呈绿色，谷粒色泛金黄，谷壳的纵脉和稃毛都清晰可见。一些陶釜底部甚至残留着烧糊了的米饭"锅巴"。

遗址同时出土了一批鹿骨制作的骨耜（sì），耜头缠绕着葛藤，原本大概是固定在木柄上的。这些骨耜的形制仿佛后世的铁锹、铁铲，显然都是农具。七千年前的河姆渡人，便是手持这些粗拙的原始器具，开发土地，驯化自然，将从山野之间采集而来的颗粒干瘪的野生稻，改造为丰腴甘香、流传万代的主粮水稻。

作为人类最早驯化的作物之一，水稻的驯化过程极其漫长。

水稻的野生种是今天常见稻谷种属体系的祖先，野生稻乍看上去与野草无异，但它蕴藏着无穷的生机。也许是不经意的一次邂逅，也许是经过无数次对照比较，远古人类在芜杂的野草间，发现了野生稻米的饱腹能量，开始有意识地集约采集。在农业时代开启前，远古人类采稻而食的生活持续了上万年，最近的研究显示，中国先民早在 1.6 万年前就开始在茫茫荒野之中寻索、采食野生稻了[1]。

至晚在 1.2 万年前，人类尝试着迈出了农耕的脚步。那时地球正处在一个气候美妙的时代：最近的一次冰河期步入尾声，全世界都在变暖，冰川退却，气温回升，达到与今天相仿甚至更暖和的水平。幼发拉底河畔，今天叙利亚北部的阿布·呼雷拉（Abu Hureyra）遗址处，当时的古人类结束了游牧生活，试着定居下来，种植黑麦。一开始，种植业发展速度缓慢，采集和狩猎仍是食物的主要来源，种植所产出的食物只不过被当作一点"赚外快式"的贴补。从零星种植到农耕经济最终取得支配地位，人类又花费了数千年时间。

就在人类摸索着解开农耕之门的"封印符文"不久之后，约 1.1 万年前，一场很可能因天体撞击而突发的气候异常，残忍地扼杀了摇篮中的农业雏形。阿布·呼雷拉古人类聚落被坠落的彗星或小行星瞬间摧毁，研究者探索遗址，发现了大量不应为那个时代所有的熔融玻璃，推测这是在撞击瞬间产生的 2200 ℃高温下所形成之物[2]。撞击的威力极其巨大，造成全球范围气候剧烈扰动，气温急遽下降，冰川重新生成，陆地被封冻，凛冬再度降临，大批已迁入高纬度地区的动物和人类死于极寒。这次撞击导致的有悖于自然规律的气候异常的离奇灾变，被称为"新仙女木事件"。

漫漫长夜仿佛永无尽头，人类瑟缩在冰封的山洞里，苦苦等待着温暖的能量重回人间。一代又一代远古人类死去了，他们无助地凝望星空，眺望雪原，企盼春天回归。星移斗转，直到一千年后，恐怖的凛冬才终于完结，严寒消散，春满世界，一个延续至今、地质学上称为"全新世"的时代拉开了帷幕。温暖湿润的气候温柔地润泽着全球大部分陆地：在北非，今天被称为撒哈拉沙漠的地区享受着充沛的降水，那里河湖相连，水草丰茂，羚羊四处奔驰，一片生机；在中国，夏季风带来的降水远及新疆和内蒙古，亚洲象一度分布至河北省，稍晚的西安半坡遗址也发现了犀牛残骸，而倘若到山东沂河洗澡，将有概率遇到扬子鳄，孔子及弟子若在那时游赏，便不能"风乎舞雩，咏而归"了。

　　稳定适宜的气候为人类生存提供了保障，也为农业生产创造了条件。环境舒适，食物漫山遍野地疯长，人类不必担心饿肚子，于是生育率快速上升。人口急剧增长的后果就是，原始的狩猎和采集越来越难以负担食物需求，于是人类意识到，必须采取更高效的生产方式，获取更多的食物才行。在寒冷的高纬度或高海拔地区，由于作物难以生长，以及出于摄取高热量食物御寒的需要，居民们陆续转向游牧生活；在低纬度、地势平坦的地区，气候适于作物种植，但不利于肉类保存，这些地区的居民便选择了定居农耕，一场持续了上万年的"农业战争"开始了。

〔元〕程棨《楼璹耕织图》局部

　　在早期采集时代，先民无意识地洒落或丢弃所食植物的种子，观察到种子萌芽、生长、结实，他们受到启发，尝试着有计划地播下种子，管理成长，以期获得稳定的食粮供应，农业就此诞生。当时的先民大概不曾意识到，他们迈出了人类文明史上至关重要的一步，同时也为后代子孙挖下了一个难填的大坑——从人类种下第一株作物起，就宣告着挑起了与作物间的"驯化之战"。

　　野生作物与自然界其他植物一样，经过亿万年的进化形成了种种特性，均是为了自身种群的生存繁衍，而不是为了满足人类食用。例如谷类（包括水稻和小麦）的籽粒附着于穗轴而生，野生谷类成熟后，籽粒会像叛逆的孩子急于离开家庭一样变得易于脱落，它们大多随风飘散，有的落入土地，有的吹入池塘，还有的飘上岩石，被鸟儿吃掉。落到何处，能否发芽生长，植物无法控制，全部听天由命。植物能控制的，是其籽粒的体积和数量，因此野生谷物会尽量将籽粒缩小。体积越小，数量越多，在成活率不变的情况下，成活数量会不断提升，以此确保种群繁衍壮大。但是人类并不希望谷物的籽粒太小，也不希望籽粒易于脱落，否则也许收割之前一场大风刮过，整片稻田便只剩下光秃秃的穗轴，颗粒无收。

为解决这个问题，先民绞尽脑汁，我们无从猜测他们究竟付出了何等辛劳，好在付出获得了回报。先民发现一小部分基因突变的植株，穗轴强韧，籽粒成熟后不易脱落。这种植株由于难以顺利地散播种子，在物种进化的流水线上，是本该被大自然淘汰的作品，如果没有人类干预，它们终将在物竞天择中败给那些籽粒更易脱落的同胞。然而人类的介入，改变了物种进化之路，人类选择这些特殊品种大加栽培，令它们的突变基因不断遗传下去，种群占比逐年递增，直到壮大成为家族的绝对霸主。今天我们所食用的谷类，大部分都是这些突变种的后代。可以说，是人类出手拯救了它们原本应被淘汰的命运，作为回报，人类获得了更高、更稳定的产量。

掌握驯化秘诀的人类一发不可收拾地投入这场没有止境的博弈中。驯化之路坎坷枯燥，不过农艺师有时也会开玩笑似地塑造一些莫名其妙的品种，最典型的例子就是胡萝卜。胡萝卜本来是白色、紫色和淡黄色的，16 世纪，对橙色有着深深执念的荷兰人利用植物变异，培育出了橙色胡萝卜，献给他们伟大的"橙色亲王"威廉·范·奥兰治（William van Orange，即威廉一世，曾领导荷兰反抗西班牙统治，他的姓氏有"橙色"的意思）。在此之后，荷兰人利用他们"海上马车夫"的强大贸易力量，执着地将其"皇家配色版"胡萝卜推向全世界，这才造就了今天菜市场举目可见的那一片亮眼橙色。

远古人类多半不会有荷兰农艺师那般好兴致，他们驯化作物，总以便于采收、提高产量为务。水稻是高产作物，在作物单产排行榜上，仅逊玉米，位居次席。1 公顷常规品种的水稻大约可供 5.63 人的口粮，而同样面积的小麦只能供给 3.67 人[3]，因此人类始终在不遗余力地对其加以改良。禾本科稻属之下将近 20 种植物，至今仅有两种被驯化为栽培作物（水稻和西非的光稃稻），其他依旧属于野草，不能食用，愈发见得水稻被驯化的难能可贵。河姆渡的古人类，就是最早一批成功驯化水稻的先民。

在河姆渡水稻遗存被发现之前，关于"世界上第一个成功驯化水稻的国家"，也就是栽培稻的起源之争，从19世纪起已经持续百余年，一直悬而未决。西方学界早期观点一度倾向支持水稻起源于中国。20世纪初，苏联植物学家、遗传学家瓦维洛夫通过研究在世界各地采集的标本，提出了是印度最先驯化了水稻的假说，他列举的一系列理由，说服了大部分西方学者改旗易帜，从支持中国转向支持印度。其后半个世纪，"印度起源说"恒居主流，中国学者虽间或反击，但苦于缺乏考古和生物学证据支持，并不能令学界十分信服。

〔元〕程棨《楼璹耕作图》局部

1955年，湖北京山屈家岭遗址发现了5000年前的稻作遗存，极大地冲击了水稻"印度起源说"的根基。到河姆渡遗址那无可争议的人工栽培稻谷遗存的发现，学术界的旧有观点终于被彻底颠覆。此后，中国陆续公布了更多考古证据，浙江上山遗址、江西万年仙人洞遗址、湖南道县玉蟾岩遗址的发现，以及遗传学相关研究，将中国栽培水稻的历史延长至1万年以上，栽培稻起源于中国，至此获得世界公认。据近年研究总结，水稻在古中国和古印度之间经历了一次史诗般的旅程：大约1万年前，长江中下游地区将野生稻驯化为粳稻，之后与黍、杏、桃等作物经移民和商旅传到印度；约3900年前，恒河流域的印度人将粳稻与野生稻杂交，培育出籼稻，又传回中国。这次跨越数千年、波澜壮阔的轮回之旅，奠定了日后的粮食格局。而今，地球上超过半数的人口将水稻作为主食，中国和印度分别位居全球大米产量前两位，2019年，两国分享了世界稻米总产量的54.2%。这一切的发端，都要上溯到1万年前某位尝试着将第一株野生稻栽进湿润泥土的远古先民，以及某位将其装入行囊的旅人。

农牧文明结束了人类作为"野生动物"生存的历史。起先的岁月，中国游牧与农耕文明并非如后世那般泾渭分明，隔绝于长城南北。大批以游牧和射猎为生的古老部族游荡于中原，呈"夷夏杂处"的平衡态势。那时地广人稀，各部族聚落相距遥远，彼此隔绝，老死不相往来，极少对抗冲突。随着农业发展，这种相安无事的平衡逐渐被打破了。

栽培作物改良后产量提高，让吃饱饭的先民有信心，也有心情考虑多生些孩子。多生孩子多种地，地种得越多，粮食出产就越多。相应的，人口越多，需要的耕地也势必增加，部族不断发展扩张，终于不可避免地与游牧部族相遇了。比起畜牧及其他生产方式，黄河流域及其以南地区的生态环境更适合农耕种植。相同面积的土地，生产粮食能够产出更多食物，养活更多人口，而需要大量土地放牧的畜牧经济则相形见绌，因而遭到挤压、蚕食。远古中原地带的游牧部族，要么被农耕者兼并，跳下马背，拿起农具，成为农民，要么向北迁徙退避。

地球的气候从来都不是恒定如一的，而是冷暖交替出现，即使在相对温暖稳定的全新世（约 1.17 万年前至今），全球变冷和变暖，也是如同钟摆运动，此去彼来，往复不休。美国缅因大学一项全面深入的调查研究表明，过去 1 万年间，地球经历了至少六次五百年到千年尺度的气候振荡，起止时间分别位于距今 9000—8000 年、6000—5000年、4200—3800 年、3500—2500 年、1200—1000 年和 600—150 年前[4]。

〔元〕程棨《楼璹耕作图》局部

大约 5300 年前，北半球自北而南进入了一个普遍的寒冷期，人们将这种阶段性的寒冷期称为"小冰期"。小冰期的温度下降幅度虽不足以构成"新仙女木事件"后那样恶劣的极寒，但气候震荡造成的降水减少和长期干旱，对远古人类同样是灾难性的。撒哈拉的淡水湖渐次干涸，沙漠发育，掩埋了绿洲水草和古老的史前文明。距其遥远的东方亦未能幸免，位于新石器时代农业区域边缘的甘肃青海河湟文化首当其冲，迅速走向衰落。在南方，曾经无比焕赫的良渚文化，也未能挺过此劫，倒在了文明曙光的前夕。定居农业使人口激增，但气候剧变却使食物减少了，农耕部族需要更多土地，弥补单位面积粮食产量的下降。人类纵火烧荒，将大片林地草场烧为灰烬，辟为田畴。耕进草退，大批牧场被破坏，大规模畜牧业难以维持，农耕与游牧部族的矛盾变得更加尖锐。

〔元〕程棨《楼璹耕作图》局部

游牧部族纷纷离开，剩下的土地还是不够分配。一个重要原因是，当时灌溉技术落后，汲水困难，所谓的"膏腴之地"必须靠近水源，如果附近没有河湖泉泽，土地再肥沃也没法利用。这样一来，可供挑选的土地就十分有限了，于是农耕部族之间也开始付诸武力，争夺生存资源，频频爆发激烈的战争。就连诞育了"稼穑之祖"神农、耕作技术出类拔萃的炎帝部族，此时也撑不下去了。这也容易理解，较早迈入农耕时代，耕作技术先进，意味着炎帝部族可能繁衍了更多的人口，生存压力也就更大。恶劣的气候迫使炎帝一族大举东迁，寻找环境更理想的新沃土来拓殖经营。他们渡过黄河，循黄河南岸抵达今天河南淮阳附近[5]，沿途不断征服临河而居的原住民部落，夺占他们的土地。在那个"剥木为兵"，拿树杈子作武器的时代，基本上谁家人多，谁就更强。炎帝一族人口众多，大树杈子一路扫下来，所向披靡，直到遇上从东南方北上的另一股强大势力——蚩尤领导的九黎集团。

后来的故事，中国人耳熟能详：蚩尤阵营是个吸纳了众多部落的同盟，包括战力强悍的巨人部落夸父族，他们人数上毫不逊于炎帝部族，而且装备精良，犹有过之。两强争霸，打了一场开天辟地以来中华大地上规模空前的战争，炎帝一败涂地，史书说他输得"九隅无遗"[6]，土地尽失。残兵败将，仓皇北逃，逃到黄河北岸黄帝一族的地盘。没了土地的炎帝，大概想从"同宗之谊"的黄帝那里分一杯羹，结果又被黄帝按在地上，结结实实打了三顿，司马迁说："战于阪泉之野，三战，然后得其志"，打得炎帝大呼投降。黄帝最后并未赶尽杀绝，而是放了炎帝一马，可能是察觉到蚩尤逼近的缘故。面对打个响指就能毁灭九州的强敌，炎黄意识到，唯有联手方能对抗。名垂千古的涿鹿一战，炎黄联军击溃蚩尤，九黎集团群龙无首，风流云散。炎黄乘机南下，入主中原，后世尊他们为华夏祖先。

农耕时代的食物危机，引发了决定历史走向的上古战争，同时迫使定居社会内部制定出新的食物分配规则，颠覆了固有的平均分配制度，一部分人变成吃得少、干得多的被统治者，阶级萌芽由此出现。而随着游牧部族离开，畜牧在食物生产体系中所占比重也大幅下降，吃肉变得奢侈起来，"肉食者"成为特权阶级的标签。至于广大平民，则被牢牢地束缚在土地上——耕地面积越是扩大，越是要破坏森林草场，野生动植物的多样性和生存空间就会越少。除了传说中那些潜居深山，采食黄精、茯苓，吃得遍身长白毛的异士剑仙，绝大多数人已经不可能单靠采集生存。人们再也回不到从前挎着篮子出门溜达一圈就能果腹的生活，狩猎也日益困难，耕种、收成是农民仅有的选择，唯一的希望。农耕生产丰俭由人，同时也是看天吃饭，农民一方面以血汗灌注土壤，小心翼翼地管理作物，另一方面将精神寄托于上苍，虔诚地祷求雨顺风调。他们毕生时间都在耕耘、除草、施肥、灌溉中消磨，殚精竭虑，千方百计地呵护脆弱的禾谷，以维系他们同样脆弱的生命。

农业是自然写给人类的情书，也是极富挑衅色彩的檄文，它塑造了早期社会结构乃至文明，同时提出了严峻挑战。人类原本是杂食动物，食谱包罗极广，原则上无毒而味道不坏的东西莫不可以入口。但进入农耕时代后，人类，尤其是平民的食谱急剧缩水，采集时代多样的野生动植物同餐桌渐行渐远，自然界万千食材，他们日常所能摄取的，只剩下少得可怜的几种驯化生物，包括一两种主粮、少数蔬菜、更少的禽畜，运气好的话，或许才会有鱼、蘑菇和野味。这解释了为什么农耕时代初期的人类身材反而较采集时代变得矮小：摄入营养不全，导致发育不良。

寥寥无几的食材之中，中国先民最倚重的是黍（黄米）、粟（小米）、稻、麦、菽（豆）、麻。这几种粮食作物，便是后世所谓的"五谷"。

对于先秦时期的中原人而言，黍、稷（不黏而色白的黍）和粟的地位尤其重要；在南方，水稻则是无可取代的食物砥柱。东汉以降，战争难民南迁如涌，中国社会发展空间大幅向南拓展，南部地区垦田和人口爆炸式增长。譬如荆州人口从西汉时的 374 万增至 627 万，益州从 455 万增至 724 万，零陵郡（今属广西、湖南）人口更是暴增 7 倍[7]。南方的环境适宜稻作，北人南下，就算想要种食黍粟，毕竟不及稻作方便，只好因地制宜，改种水稻。稻谷的高产潜能由此被充分激发出来，撑住了人口剧增的沉重压力。实际上在许多北方人看来，饭稻羹鱼的生活，比吃粗粝难咽的蒸小米、蒸麦饭好得多，孔子也将食稻与衣锦相提并论，认为是奢侈享受[8]。世人视稻米为珍物，积极推广种植，东汉后半叶，北方稻作规模也蔚为可观了。喜欢发表吃后感的魏文帝曹丕，有一次蒸了一锅洛阳京畿出产的稻米，尚未动箸，已是龙颜大悦，傲然对群臣说道：

"江表惟长沙名有好米，何得比新城粳稻耶？上风炊之，五里闻香。"[9]

意思是说，江南虽盛产稻米，大多品质平平，只听说长沙的米名气不小。你们看，咱们这米，上甑一蒸，五里开外都能闻到香气，他长沙的米比得了么？

曹丕极口称誉的自家稻米属于粳米，粳稻耐寒，适合北方推广，其米粒粗短，支链淀粉含量略高，熟后性黏；当时的长沙名米大概是籼米，籼稻喜暖，主要种在南方，米粒细长，熟后颗粒分明，黏度较低。作为水稻的两大基本亚型，粳、籼两种稻米各有千秋，无所谓孰优孰劣。不过包括曹丕在内的许多北方人，天生更偏爱黏糯弹牙的粳米，加上政治方面的考虑，魏文帝厚此薄彼，也就不足为奇了。至于大家熟知的糯米，在植物学上并非独立亚型，而是籼稻和粳稻的一类变种，分为籼糯米和粳糯米。糯米与普通籼米、粳米的主要区别是其支链淀粉含量极高，接近100%，这决定了它比普通粳米、籼米拥有更黏的口感。后人利用这一特性，将糯米汁掺入砂浆，制成胶结材料，用以黏合砖石，砌筑城墙。例如南宋乾道六年（1170年）修葺和州城，匠人就用糯米浆和石灰调制黏合剂，所砌的城墙"经久坚固"。

曹丕盛赞洛阳粳米，不乏劝农之意。曹丕在位那些年，孙吴、蜀汉虎踞天南，战火频仍，军粮消耗极大，三国统治者无不想方设法提高本国粮食产量。当时有一种常见的军粮叫作"糗糒"（qiǔ bèi），是经脱水干燥处理制备的方便食品，原料可以用粟、麦，不过最好还是用米。制法并不复杂：大米经淘洗、蒸或炒熟、曝干、捣碎，研磨为粉，舂捣成饼子。用时直接取食，或冲泡为糊。糗糒是名副其实的"干粮"，收藏得法，不令受潮，可长期保质不坏，取食方便，且易消化，最适合远途携带。对于间关流转、去家万里的行旅征夫，这些粗糙的米麦粉屑，饱含故土的味道。汉朝士兵远击匈奴，几乎完全仰赖糗糒充饥，据王莽朝大司马严尤计算，为期三百天的远征，需要给每个战士配备十八斛糒[10]，也就是每人每天约消耗0.6升。脱水的糗糒最大化地减轻了辎重负担，军队机动性因而更强，驮兽和士兵体力节省，生存率和战胜率便得以提高。另一方面，重量压缩，单兵携带口粮增加，意味着出击半径更远，汉军因此能够深入匈奴腹地展开军事行动。公元前99年，李陵和他麾下五千步兵从居延出发，向北行进三十天，深深刺入匈奴之境，部队所赖给养正是糗糒。李陵一部后来在朔方西北两千里外的浚稽山遭遇匈奴大军，血战连日，箭矢射尽，落入重围。绝境中的李陵发给每位幸存的士卒两升糒、一块冰，趁夜遣散，嘱

〔元〕程棨《楼璹耕作图》局部

其自行突围。就是靠着这点干粮，最终四百余人逃出绝漠，生还汉境[11]。

国家常年储备大量糗糒，用以供应军需。公元前51年，匈奴呼韩邪单于归附，汉廷郑重其事，除了赏赐黄金锦绣，还拨出三万四千斛糗糒，为这批新入籍的子民加餐。汉族平民为了节省燃料（柴薪），同时考虑到贮存的需要，日常也以糗糒为食。汉代人一日两餐，早餐叫"饔"（yōng），晚餐叫"飧"（sūn），清早蒸好米饭，饔吃一半，另一半铺开晒干。傍晚，

〔清〕焦秉贞《御制耕织图》

结束了一天的劳作回到家后，不必再耗费柴禾烧火煮饭，只需干米饭泡水，再配些腌菜，就是最家常的晚餐。倘若早上准备得太多，晚餐吃不完的话，也没关系，经过曝晒的干燥米粒不易馊坏，尽可留到翌日食用，最大限度地规避了剩饭腐败浪费。而米粒遇水后吸水膨胀，不仅重新变得松软易咀嚼，也恢复了原有的饱腹功能。先民就这样精打细算地活着，竭力减省生存资料，他们看顾生活的每个细节，如同看顾风中的灯。

到了唐宋，境况有所改善。隋唐五代处于历史气候的温暖期，南北方年平均温度都较魏晋乱世小幅上升，喜暖的水稻长势旺盛，稻田向北蔓延到关中、黄淮平原，甚至东北地区。正如韦庄信步长安城郊时所见，平畴高垄，千畦万町，满眼稻花黄：

一径寻村渡碧溪，稻花香泽水千畦。
云中寺远磬难识，竹里巢深鸟易迷。[12]

中唐以后，经济重心南倾，江南的稻米自足有余，除了支给本地，还向华北、关中大量转输。唐玄宗一朝，每年需从江南调拨稻谷三四百万石，来维持开元盛

世的局面[13]。安史之乱八年战火，烧得北方元气大伤，终唐之世，未能复原，举国经济，左右于东南，中国历史上延续了千年的"南粮北调"供粮格局初步形成，稻米的地位随之水涨船高。

唐人食米，大体仍不出蒸、煮两途，但花样诸多翻新，却为秦汉先辈艳羡难及。比方说熬粥，中国人早餐喝粥的习惯便约略始于唐朝。白居易晚年生活清逸安闲，天天睡懒觉，他自己也毫不掩饰地承认，说自己冬日贪睡，日上三竿还在赖床，纵使米粥诱人的香气也不能令他离开亲爱的被窝：

> 两重裼绮衾，一领花茸毡。
> 粥熟呼不起，日高安稳眠。[14]

唐文宗开成三年（838 年），日本学问僧圆仁来华求法，他对中国人早餐吃粥之习印象深刻，其旅行笔记《入唐求法巡礼行记》记录，自扬州登岸，踏足大唐，前往长安的路上，食粥不下二十次，多在清早时分。无论寺庙、官贵，还是平民之家，习惯大都如此。

丰足年岁，岭南人家会备办一种豪华盖饭——团油饭，庆贺新生儿满月。米饭上厚厚地铺叠着烤鱼、油炸虾、蛋羹、鸡肉、鹅肉、猪肉、羊肉、香菇、荠菜等，以姜、桂、盐、豉等调和佐味[15]。唐人豪迈，饮食最喜大鱼大肉，直来直去，这碗团油饭，正是唐人豪放食风的代表。丰盛的食材，罗揽盛世农家富足，也寄托着对新生命健康成长的祝福。

稻作经济真正一飞冲天是在宋代。宋代，以稻米为主食的人口首次超过了以麦粟为主食的人口。稻米能够登极为众粮之王，原因诸多。首先，宋代是中国经济重心南移的定型期，南方人口远超北方，北宋人口峰值约出现于宋徽宗大观四年（1110 年），当时全国 1 亿人口，有 60% 居住在南方[16]。第二，宋真宗大中祥符五年（1012 年），朝廷大规模引进原产越南的良种水稻"占城稻"，改良本土品种。宋真宗重视其事，派人到福建取得占城稻种三万斛，分发给江淮两浙，出榜示民，责成地方官府督率指导农人播莳[17]。占城稻生长期短，耐旱耐寒，许多从前不宜种稻之地，在引入此稻之后，悉数辟为稻田，稻米产量激增。得此助力的宋代人，开启了疯狂耕垦模式，把平原的土地开垦怠尽，又到山上去垦，"梯田"

一词，便首见于宋代文献。宋代垦田面积最高达到 4800 万公顷（7.2 亿亩），甚至超过后来的元代和明代[18]，这与占城稻的引入不无关系。

田多了，种起来难免费事，尤其是插秧，整个人弯腰躬身，佝偻在烂泥里，一佝偻就是一整天，结果养活了五脏庙，牺牲了腰间盘。为此，宋人发明了一种形状像香蕉的喜感坐具，叫作"秧马"，专用来插秧。苏轼有一年南游武昌，见到水田里的老老少少，人人跨一具秧马，在泥地上蠕蠕滑行，原本辛苦的劳作，似乎也饶有些游戏的乐趣了。他观察这种懒人工具，发现不但省力省腰，效率也丝毫不低："农夫皆骑秧马，日行千畦，较之伛偻而作者，劳佚相绝矣。"

只要灌溉管饱，积温充沛，水稻简直可称为作物界的蚁后，产量高，长得快。两三天时间，幼苗就能抽芽，稻花刚刚飘落，稻穗转眼就丰腴垂低。到了南宋，一年两熟的双季稻和一年三熟的三季稻广泛种植，在地暖雨足的广东，水稻生长周期短至一个季度。一二月种早禾，四五月收；三四月种晚早禾，六七月收；五六月种晚禾，八九月收[19]。除了冬季，无月不种，无月不收。到了明代，水稻在全国粮食生产中的主导地位已完全确立。

今天，尽管稻谷总产量亚于玉米，但后者 90% 用于饲料和工业加工，而非作为口粮食用，稻谷的食用消费占比则高达 80% 以上。可见，目前中国人食用最多的主粮仍是稻米。

〔元〕程棨《楼璹耕作图》局部

中国人讲"缘法"，作为全球最大的稻米生产国，中国人为改善稻田产量而施工，却偶然发现了河姆渡遗址远古栽培稻的证据，这似乎正是一种特殊的缘分。那些古老的生命早已在风中飘散，他们留下的遗产深植大地，继续哺育子孙，哺育文明，如山如岳，岿然万年。

注释

［1］Wu Y，Xie G，Mao L，et al. Phytolith evidence for human-plant subsistence in Yahuai Cave（Guangxi，South China）over the past 30000 years[J]. ence China Earth ence，2020.

［2］Andrew M. T. Moore et al.Evidence of Cosmic Impact at Abu Hureyra，Syria at the Younger Dryas Onset（~12.8 ka）：High-temperature melting at > 2200℃，Scientific Reports（2020）.

［3］［美］阿莫斯图《食物的历史》。

［4］Mayewski P A，Rohling E E，Stager J C，et al. Holocene climate variability[J]. Quaternary Research，2004，62（3）：243-255.

［5］徐旭生《中国古史的传说时代》。

［6］《逸周书·尝麦》。

［7］《汉书·地理志》，《续汉书·郡国志》。

［8］《论语·阳货》。

［9］〔三国魏〕曹丕《与群臣论粳稻书》。

［10］《汉书·王莽传》。

［11］《汉书·李广苏建传》。

［12］〔唐〕韦庄《鄠杜旧居》。

［13］《新唐书·食货志》。

［14］〔唐〕白居易《风雪中作》。

［15］〔唐〕段公路《北户录》。

［16］葛剑雄《中国人口发展史》。

［17］《宋会要辑稿》。

［18］漆侠《宋代经济史》。

［19］〔南宋〕周去非《岭外代答》。

烧烤恩仇录

烧烤大概是最古老的烹调方式了，最初的烤肉可能来自山火烧死的动物，人类捡拾食用后察觉香美，因而联手祝融，开创了伟大的烧烤文化。在漫长的几十万乃至上百万年间，烧烤是加热食物的唯一手段，那时的生活是名副其实的"极简"，用不着"断舍离"，也不存在"午饭究竟该吃啥"的纠结——根本没得舍取，也没得选择，要么烧烤，要么血淋淋地生吃或者吃臭烘烘的腐肉，要么啥都不吃等着饿死。直到七八千年前新石器时代早期，先祖玩泥巴玩开了窍，学会抟泥烧造陶器，才在烹调技能上相继点亮煮、蒸、煎等技能，拓展了新味觉领域。

毫不夸张地说，人类是靠烧烤撸串成长起来的。烧烤的好处显而易见：首先是简单粗暴，鼎镬釜镂、锅铲刀俎一概不用，能生火、有食材便足矣；二来食材浴火，较易激发其中所蕴含的香味的潜力，长于此道的能手，即使不用椒盐，也有本事将腥膻的生肉烤得鲜腴诱人。武侠小说写及孤男寡女流落荒野，总是烧烤互喂，因为在患难之中，此为第一等简便美食，肉嫩汁多，金脂流香，倍增温馨，无异于如今的约会撸串，吃着吃着，感情便热络起来了。

烧烤还有一样好处——万物莫不可烤。前章已述，人类采食谷物的历史极其悠久，而在陶器出现之前，加热谷米，只能倚仗烧烤的方式。郑玄《礼记正义》注：

"中古未有釜、甑，释米捭肉，加于烧石之上而食之耳，今北狄犹然。"

釜以煮，甑以蒸，未有蒸煮之先，主流吃法是石板烤饭。郑玄所处的东汉，塞北之民仍烧石燔谷，当为石器时代遗风。

汉代画像石上的烧烤

至于飞禽走兽、毛羽鳞介，更不妨尽付于炬，古人经常烤些在现代人看来不可思议之物，比如猫头鹰。《庄子·齐物论》中说"见弹而求鸮炙"，意思是看见弹弓，就忍不住想要把猫头鹰从树上打下来烤了吃。猫头鹰转动着大脸盘子，表示迷惑不解，今人每读至此，亦难免诧怪。烤猫头鹰是古今自然观差异的典型体现，而今连孩童也知道，猫头鹰乃是益鸟，当坚决反对猎食。但古人观点正好相反，以猫头鹰为绝恶之物甚至死亡的使者，其声凄厉，尤招人忌，民间传有夜猫子啼鸣，是在数人眉毛、勾魂索命之说；又言猫头鹰"不孝"，生而食母，才得飞翔[1]，简直是造物之败笔、生物界之恶魔。此等"凶禽"，古人不但不会保护，而且由官方提倡，鼓励捕杀。颜师古《汉书》注：

> "孟康曰：'枭，鸟名，食母。破镜，兽名，食父。黄帝欲绝其类，使百吏祠皆用之。'如淳曰：'汉使东郡送枭，五月五日作枭羹以赐百官。'"

据说轩辕黄帝对此鸟深恶痛绝，规定百官祭祀，皆杀之为祭品，希望示范百姓，以"绝其类"。汉代朝廷祖述古制，也把炖猫头鹰加入"端午节豪华礼盒"，当作节日福利颁赐官员。于是邹缨齐紫，人手一张弹弓，踊跃猎杀，这才形成"见弹而求鸮炙"的条件反射。北宋人孔平仲在一首诗里说："弯弓既有获，岂不愿鸮炙。"[2]意思是既然打猎有所收获，难道你不想再吃一次烤猫头鹰吗？这……都已经打了不少正常的野味了，为啥还要吃猫头鹰！到了元末，有好事者掇拾坟典所载各种奇异食物，撮成一套魔幻版"八珍"，包括出自《吕氏春秋》的猩唇、出自《左传》和《孟子》的熊掌、出自《韩非子》的豹胎等，烤猫头鹰也收录其内，与龙肝凤髓、豹胎猩唇并列，益发予人荒诞之感。

中国历史上至少出现过三套广为人知的"八珍"组合。最早一组，始见于《周礼》，为八种进呈天子的顶级珍馐，据载有淳熬、淳母、炮豚、炮牂（zāng）、捣珍、渍、熬、肝膋（liáo）[3]。据《礼记·内则篇》阐发的材料和做法，可知肝膋、炮豚、炮牂均与烧烤有关。肝膋即烤狗肝，"膋"为肠上的脂肪，也就是肠油，这道菜取狗肠油包裹狗肝而烤，以肠油烤至发焦为度，做法相对简单。炮豚指烤乳猪，炮牂指烤羊羔，两者做法近似，步骤要繁复得多。以炮豚为例：掏除乳猪内脏，腹腔填满大枣，整头猪用芦苇包起来，外裹一层泥巴，置之猛火，谓之"炮"。炮毕，剖开泥巴草席，两手按在猪上一顿猛搓，必须经过这一步骤，才能搓掉猪体表面因高温而形成的皱皮。接下来，调米粉成糊，均匀涂遍猪身（类似后世的挂糊），浸没鼎中油炸。炮和炸均是外层功夫，难以熟透，炸过之后，需连鼎一起端进大锅，投以紫苏等调味香菜，隔水连炖三天三夜，方告成功。上席之际，脔割成块，调和肉酱、醋等一起食用。

笔者少年读《封神演义》，对苏妲己劝纣王所作"炮烙"之刑印象极深。先秦酷刑，颇不乏法自烹饪之术者，这残忍的启发，是奴隶社会轻贱人命使然。奴隶时代，底层低贱之辈被视为狗畜，因此贵族毫无怜悯地将用于畜肉加工的技术移入刑罚。炮刑之外，尚有醢刑、脯刑、烹刑，等等。醢指剁碎，脯指晒干、风干，都是纣王的拿手好戏。《史记·殷本纪》："九侯有好女，入之纣。九侯女不喜淫，纣怒，杀之，而醢九侯。鄂侯争之强，辨之疾，并脯鄂侯。"因为嫔妃"不喜淫"，就把嫔妃之父剁成肉酱，着实丧心病狂。汉初名将彭越也遭醢刑，刘邦还饶有兴致地将其分赐诸路王侯，以收震慑之效。烹刑就是用大锅煮人，比起西方历史上动辄把人烧死的焚刑，中国古代烹刑更为常见，东西方烤、煮之异，恰好也符合各自的烹饪习惯。西晋皇甫谧《帝王世纪》载，纣王囚西伯侯姬昌，烹其长子伯邑考，以赐姬昌，以为试探："都说姬昌是圣人，真是圣人的话，就不会吃这碗用他儿子做成的羹。"结果姬昌不明就里而食，纣王得意道："怎么样，姬昌连吃了自己儿子都不知道，算哪门子圣人？"

烹刑大盛于周至秦汉之间，尤其是礼乐崩坏的东周，一言不合便开锅煮人。《左传》所载宋国伊戾、《史记》载齐国阿大夫、秦末郦食其，皆罹难于烹刑。又如楚国高手石乞，助白公胜劫持楚惠王造反，后来白公胜兵败自缢，石乞寡不敌众，战败就擒，王师逼问白公胜埋尸之处，威胁道："不说就煮死你。"石乞道："造反这件事，

〔明〕戴进《渭滨垂钓图》局部

本来就是成则公卿，败则被烹，烹就烹吧，我没啥好说的。"从容受烹而死[4]。直到汉文帝朝缇萦上书救父，这些野蛮酷刑才开始被废除。

古人造字，精益求精，仅表示烧烤食物者，就有炮、煨、焙、燔、炙等字，细究其义，又各有不同。"炮"字从火从包，指用泥包裹而烤；"煨"指文火加热，或将食物置于高温的灰烬中烤熟，如煨红薯、煨芋头；"焙"谓微火烘烤；"燔"字强调"整只烧烤"，《诗经·小雅·瓠叶》写了一对好友喝酒撸串，主人待客之肴，就是一头整只燔熟的兔子：

有兔斯首，炮之燔之。君子有酒，酌言献之。
有兔斯首，燔之炙之。君子有酒，酌言酢之。
有兔斯首，燔之炮之。君子有酒，酌言酬之。

一只兔子炮了又燔，燔了又炙，炙了又炮，《诗经》的重章叠句令这只兔子饱受折磨。关于"炙"，东汉郑玄《礼记正义》注："贯之火上。"意思是穿成串儿架在火上烤，这不正是现代的烤串吗？《说文解字》则说："炙，炮肉也。从肉，在火上。""炙"字上半部分实际上是个横过来的"月"字，月字作部首时，多与肉有关，像"脂肪""肾脏""肚腹""肝肠"。所以说"炙"字的结构，就是"火"字之上一块肉，所表何义，一目了然。

成语所谓"脍炙人口"，意思是脍和烤肉（一说切成薄片的烤肉）人人都喜爱。孟子有一次接受采访时被问道："脍炙和羊枣相比，哪个更美味？"众所周知，孟老师曾深受美食选择困难症的困扰，在鱼和熊掌之间犹疑不决。羊枣俗称黑枣，即君迁子的果实，也是当时的顶级零食，拥趸众多，实力不容小觑。但这一次，孟子不假思索，断然选择了脍炙。《孟子·尽心下》：

"公孙丑问曰：'脍炙与羊枣孰美？'孟子曰：'脍炙哉！'"

"脍炙哉！"短短三字，斩钉截铁，不留余地。孟子的果断，充分反映了烤肉地位之高，鲜有其匹，从儒家亚圣，到帝君王侯，莫不为之着迷。《帝王世纪》载："宫中九市，车行酒，马行炙。"纣王打造酒池肉林，运酒驮肉的车马道路相望，其所用之肉，就是烤肉，所以酒池肉林，实为一座烤串之林。西方《格林童话》中描写森林深处用面包糖果搭建的魔女小屋，已颇令人神往；东方这位暴君气派更大，径自把整座王宫改造成一片"烤串森林"，实现了许多"吃货"宅男的终极幻想：坐拥美女，沉迷美食，百事不理。传说他最终自焚而死，撸了半辈子烤串，炮烙了多少良臣，最后被火烧死，洵为讽刺。

贪吃烤肉，固非纣王下场之由，祸福无门，唯人所召，取祸之道，多由人心。《韩非子·内储说下》记有一则围绕烤肉展开的阴谋故事：

> "（晋）文公之时，宰臣上炙而发绕之。文公召宰人而谯之曰：'女（汝）欲寡人之哽耶，奚为以发绕炙？'宰人顿首再拜请曰：'臣有死罪三：援砺砥刀，利犹干将也，切肉肉断而发不断，臣之罪一也；援木而贯脔而不见发，臣之罪二也；奉炽炉，炭火尽赤红，炙熟而发不烧，臣之罪三也。堂下得无微有疾臣者乎？'公曰：'善。'乃召其堂下而谯之，果然，乃诛之。"

是说晋文公重耳有一次吃烤肉，发现肉上绕着根头发，当即大怒，唤来厨师长叱问："肉上缠了这么一坨头发，你想噎死寡人？"厨师长叩头谢罪，从容回道："臣伏死罪，臣罪有三。"头发绕肉，不过一罪而已，另外两罪从何而来？晋文公挺好奇的，问道："何谓也？"厨师长道："臣的切肉刀磨得有如干将剑般锋利，削铁尚且如泥，以之切肉，肉切碎了而头发却没斩断，这是第一样死罪；臣亲手拿木签一根一根串起肉块，咫尺之近，却没看见这么长一根头发，是第二样死罪；烤肉的炉子炭火炽红，肉都烤熟了而头发居然完好无损，是第三样死罪。臣确实该死，不过此事蹊跷，恐有小人栽赃，伏乞国君垂鉴。"晋文公一听言之成理，便召集庖厨杂役严加审问，果然查出作祟者另有其人，意在嫁祸厨师长。机智的厨师长洗冤脱罪，阴谋者害人不成，作法自毙，被晋文公处死。

〔宋〕李唐《晋文公复国图》局部

　　因烤肉取祸者还有南朝宋的庾悦。庾悦是东晋重臣庾亮的曾孙，仕晋为司徒右长史，相当于相府幕僚长，品秩不算太高，但权力不小。一次庾悦赴京口（今江苏镇江）公干，召集府州僚佐，在东堂宴会。东堂就是练习箭术的靶场，其地宽敞，适合集会娱乐。庾悦来到东堂时，先有一群人正在习射，见庾悦要征用场地，知道招惹不起，纷纷退避离去。只有一人不走，此人姓刘名毅，是后来追随宋武帝刘裕起兵的大将，那时尚未发迹，乱世浮沉，贫不得志。有道是"光脚的不怕穿鞋的"，刘毅完全不怵这位领导，不但不肯离开，还上前理论："我们这些人困顿已久，觅一游乐之地殊非容易。你老人家恁大权力，路子又广，要开派对，多得是地方可找，就别征用这靶场了罢。"庾悦听了这话，不则一声，连看都不屑看刘毅一眼，表示极度蔑视。激得刘毅脾气发作，你不走，那我也不走！自顾自在一旁练箭如故。少时佳肴上席，肉香四溢，自然没有刘毅的份儿。刘毅眼睁睁看着众人大快朵颐，馋得受不了，开口索食道："烤鹅看起来味道不错，有谁吃不完的，给我一块尝尝（以残炙见惠）。"这几乎是乞讨了，庾悦翻着白眼，依旧不加理会。刘毅连吃两次闭门羹，把庾悦恨到了十足。及刘裕建宋，迁庾悦江州刺史，而刘毅军功卓著，拜江州都督，开府仪同三司，正是庾悦的顶头上司。可怜庾悦撞到这个冤家手里，那是"年三十看黄历，日子过到了头"，先被刘毅解散了军府，尔后数遭挫辱，忿惧交加，不日就郁郁而终了[5]。

世事微妙难测，恩仇之异，有时竟取决于一道烤肉的取予，庾悦因烤肉结怨致死，也有人以烤肉行恩而获救，此人便是晋代顾荣。顾荣字彦先，吴郡吴县（今江苏苏州）人，弱冠时曾仕孙吴，吴亡后入洛阳，与陆机、陆云并称"三俊"，名动当世。西晋"八王之乱"，赵王司马伦慕名将其辟为僚属，顾荣不愿屈事乱臣，也清楚诸王是什么货色，知道此辈必无善终，每天只管置酒高会，酣醉避祸。一次筵席之上，酒炙交至，上菜的侍者川流不息。有个侍者手捧一盘烤肉呈送上堂，他一路走着，眼睛不住瞟向盘中，喉头耸动，显然是在大吞馋涎。顾荣瞧见，果断将自己那一份尽数赏给了侍者。当时的公卿名流大多自命清高，讲究"往来无白丁"，不屑与下人打交道，顾荣此举立即招致众宾客嗤笑。顾荣说："岂有终日执之，而不知其味者乎？"你们一个个吃得油头肥脑的，人家成天给你们上菜，却连肉味都没尝过，宁有是理？后来顾荣南遁回吴，历经兵乱，每遇性命忧危，总蒙一人死力营救。顾荣既感激又疑惑，动问起来，方知救命恩人就是昔日获赐烤肉的侍者[6]。

这位侍者的行事颇见"士为知己者死"的战国侠客风骨。一盘烤肉，在顾荣之辈看来不值一提，何以侍者念念不忘，以毕生之力涌泉相报呢？"推食食我"之情固然可感，还有另外一个原因，是当时肉食珍贵，为底层庶民所难得，烤肉更是珍物中的美味，贫下之民，或许终其一生也不得尝其一脔。汉初贾谊曾利用这一点，想出一条奇计，建议将烤肉列入边境饭馆的菜单，用来引诱匈奴人归降。他乐观地展望了一幅图景，匈奴人听说大汉饮食丰足，有烤肉可吃，纷纷弃国而来，涌入汉境争食烤肉："以匈奴之饥，饭羹啖膹炙，晖潦多饮酒，此则亡竭可立待也。"[7]观乎后世战争中对敌宣传美食劝降的心理战，贾谊此计，虽然荒诞，倒也未必无稽。

平民食菜，贵族食肉，是中古以前的社会常态，也是绝大多数人默认和接受的现实。《国语》云："士食鱼炙，庶人食菜。"饮食结构的划分，俨然已成为阶层制度了。平民通常在乡饮酒礼和腊祀时才有肉吃，"古者，庶人粝食藜藿，非乡饮酒、膢腊祭祀无酒肉"[8]。孟子说"鸡豚狗彘之畜，无失其时，七十者可以食肉矣"[9]，恐怕只是"王道荡荡"的愿景。因此，曹刿直接用食物为阶层打上标签，言"肉食者鄙"[10]。

　　鄙视肉食者的曹刿，所鄙视的并非吃肉，而是"不善远谋"的位高之人。假使曹刿生于晋代，目睹肉食者种种侈靡荒唐，不知又该作何评语。西晋王恺，贵为晋武帝舅父，此人最出名的，一是身为《三国演义》中被诸葛亮活活骂死的司徒王朗之孙（真实历史的王朗没被骂死），一是与巨富石崇一系列惊世骇俗的烧钱斗法。王、石斗富，王恺拉上了外甥晋武帝为援，拿大内珍宝冒充自己的东西跟人家比斗，结果石崇的创意、手笔皆高一筹，王恺斗一次输一次。但这人好斗成性，每每输得灰头土脸，还是到处找人赌赛。有一次约驸马王济（妻常山公主为晋武帝姐妹）比箭，王济从小习射，箭术精绝，史称"好弓马，勇力绝人"，不知王恺搭错了哪根筋，居然挑上这么个资深玩家较量人家擅长的玩意儿。既是比赛，便需设彩头，王恺有一匹拉车的健牛，生得神俊非凡，奔行起来又快又稳，号称"八百里驳"，极为珍视。王济便提议："在下若侥幸赢了，你这匹神牛便归在下所有；若是输了，赔给你一千万钱。"王恺寻思："尝闻王济是个马痴，他觊觎此牛，无非是为了外出兜风时用来拉车，显显神气。那么就算输给了他也无妨，这次输了，下次找机会赢回来便是。"便答允道："就是这样。"话音才落，王济抬手就是一箭，正中鹄的，王恺看傻了眼。王济大笑，丢开弓箭，坐上胡床，叱左右道："速取牛心来！"左右轰然应诺，牵出那"八百里驳"一刀宰了，须臾呈上一盘烤牛心，王济只尝一块便扬长而去，丢下王恺独自在风中目瞪口呆[11]。原来王济的豪侈，殊不在王恺、石崇之下。《世说新语》载："武帝尝降王武子家，武子供馔，并用琉璃器。婢子百余人，皆零落纨绮，以手擎饮食。蒸豚肥美，异于常味。帝怪而问之，答曰：'以人乳饮豚。'帝甚不平，食未毕，便去。"是说王济请大舅子晋武帝吃饭，上了一道蒸猪肉，味道异常鲜美，晋武帝以天子之尊，竟也不曾领略，忍不住出言相询，意思是让御厨学学，回头好经常做给朕吃。王济道："臣家的猪，是用人奶喂大的，

（做面食）

（切鱼）

（汲水）

（割肉）

（宰羊）

（脱毛）

（杀牛）

（剖猪）

（烧灶）

（劈柴）

（沥酒）

（淘洗）

（屠狗）

诸城前凉台汉墓庖厨图画像石

所以肉质与众不同。"晋武帝一听，气不打一处来，好家伙，你这么个法子，让朕的御厨怎么学？难不成朕还得给皇家养猪场配一批奶妈？那群臣的唾沫不得把朕淹死？给史官记上一笔，说民不厌糟糠，朕却拿人乳喂猪，后世不得把朕骂死？这事万万做不得。身为皇帝，吃得不及臣子讲究，活得不及臣子潇洒，晋武帝越想越不平，饭没吃完就摔下筷子气愤地走了。

古训原有"君子不食圂腴"[12]之说，意思是君子不应食用猪、狗的肠子。但从周天子的烤狗肝、王济的牛心炙来看，畜类的其他内脏似乎并未禁食。马王堆一号汉墓的遣策亦记有"犬肝炙"，由此看来，贵族食用内脏当为普遍之事。《齐民要术》又载有"牛胘炙"，就是烤牛百叶：

"老牛胘，厚而脆。铲、穿，痛蹙令聚，逼火急炙，令上劈裂，然后割之，则脆而甚美。若挽令舒申，微火遥炙，则薄而且朒。"

之所以选用老牛的百叶，很可能是农耕社会不轻易杀牛之故（王济是个异类），一般情况下，需待耕牛老死方食其肉。老牛百叶厚而脆，本不易烤，《齐民要术》建议，在签子上压紧，猛火急烤，使牛胘上部开裂，便易于烤熟。倘不依此法，微火遥炙，那么肉容易老，变得难以咀嚼。由此可见，古人烤肉，并非总是不加切割地大块烤制，现代形制的烤串，彼时也已然流行。东汉训诂专著《释名》中描述的肉串，与如今所见者几无二致：

"脂，衔也。衔炙，细密肉和以姜、椒、盐、豉，已乃以肉衔裹其表而炙之也。"

意即肉切成小块，用姜、花椒、盐、豆豉酱腌渍入味，串满签子（衔裹其表），就火烤熟。《释名》的编者刘熙是汉末人，那么可以确定，至少在一千八百年前的中国，就可以看到贵族们手持大把签子，横举于焦黄的门牙前，纵情恣意地摆动脑袋大口撸肉的情形了。设或冠服换一换，食案升一升，送上几打啤酒，当年的风流名士、裂土豪雄，跟那些深更半夜虎踞街头大排档、挥舞着烤韭菜指点江山的抠脚大汉相比，不见得有啥区别。

吃完百叶，君子们的眼睛不由得瞄向了大肠。大肠富含脂肪，软嫩筋道，畜类内脏之中，恐怕以此物最宜于炙烤，弃而不用，实在暴殄天物。何况百叶吃得，一脉相通的肠子为何吃不得？天下没有这般道理。话虽如此，君子们还是瞻前顾后，生怕被人家指责为了撸串抛弃先圣"君子不食圂腴"的规训，因此选择烤肠时，避开"圂腴"（猪狗肠），优先选用祖训并未明文禁止的羊肠，可谓煞费苦心。《齐民要术》记"灌肠法"：

> "取羊盘肠，净洗治。细锉羊肉，令如笼肉，细切葱白、盐、豉汁、姜、椒末调和，令咸淡适口，以灌肠。两条夹而炙之。割食甚香美。"

即羊大肠料理干净，羊肉剁馅儿，和葱白、豆豉汁、盐、姜、花椒末调匀灌入。烤熟切段，捡一块慢慢咀嚼，满口浓香。

秦汉以后，隔物（多是金属或石板）炙烤及油煎也被归为"炙"类。《齐民要术》介绍的炙蚶、炙蛎，就是铁板烤蚶子、牡蛎。又如名为"饼炙"的煎肉饼：

> "取好白鱼，净治，除骨取肉，琢得三升。熟猪肉肥者一升，细琢。酢五合，葱、瓜菹各二合，姜、橘皮各半合，鱼酱汁三合，看咸淡、多少，盐之，适口取足。作饼如升盏大，厚五分。熟油微火煎之，色赤便熟，可食。"

这道菜的主料是白鱼和猪肉。白鱼是鲤科淡水鱼，广泛分布于华南、西南水域：其中淮河所产，号称"天下众鳞谁出右"[13]；太湖白鱼，则与白虾、银鱼并列"太湖三白"，隋代为入贡洛阳的珍物，一道苏州本帮清蒸白鱼，至今鲜杀四渎。白鱼肉嫩刺细，且细刺极多，因此做饼炙需下水磨工夫：仔细挑净鱼刺，与猪肉皆剁成泥，用醋、葱白、瓜菹（腌瓜）、姜末、橘皮末、鱼酱、盐来调和，捏成小饼，熟油微火煎至焦红。所有食材要剁到极烂，方能成饼，若黏性不够，可辅以鸡蛋、面粉，确保入油不会煎碎。

《齐民要术》又载一道名为"捣炙"的烤鹅肉串，特别述及在肉串上刷抹酱汁，已具今人印象中烤串的模样：

前凉台汉墓壁画

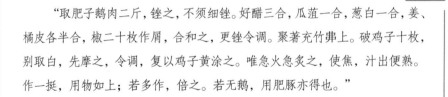

"取肥子鹅肉二斤，锉之，不须细锉。好醋三合，瓜菹一合，葱白一合，姜、橘皮各半合，椒二十枚作屑，合和之，更锉令调。聚著充竹弗上。破鸡子十枚，别取白，先摩之，令调，复以鸡子黄涂之。唯急火急炙之，使焦，汁出便熟。作一挺，用物如上；若多作，倍之。若无鹅，用肥豚亦得也。"

"子鹅"指幼鹅，鹅肉剁块，用竹签串扎。将醋、瓜菹、葱白、姜、橘皮、花椒末调汁涂刷，相继裹以蛋清蛋黄，急火烤至微焦而油脂欲滴为度。

西域人好烧烤，更甚于中原。唐代岑参驻边之际，与会酒泉太守之宴，见识过一道惊人的大菜——浑炙犁牛：

琵琶长笛曲相和，羌儿胡雏齐唱歌。
浑炙犁牛烹野驼，交河美酒归巨罗。
三更醉后军中寝，无奈秦山归梦何。[14]

"浑炙"就是整只烤，那么"浑炙犁牛"，顾名思义，便是烤全牛。在充满异域情调的胡笳羌笛曲之中，太守公吩咐一声"上菜"，侍者便推上来了一头烤全牛。这么一道数百斤之重的庞然大菜摆在厅上，炽烈的热气裹挟着浓香扑人眉发，太守举箸："吃，吃，别客气。"场面壮观且有些无厘头。唐人作风豪放，我们是早已领教过的，但像烤全牛这等剽悍之物一出，还是令人瞠目结舌，难以想象，无怪乎吃到三更天才散席。

浑炙、浑蒸烹法，在唐代广受欢迎，武则天的面首张昌宗最喜烤全驴："昌宗活拦驴于小室内，起炭火，置五味汁如前法。"[15] 唐朝中期，天子赏赐扈从禁军，总是准备一种套娃式的全羊焖鹅：

"见京都人说，两军每行从进食，及其宴设，多食鸡鹅之类。就中爱食子鹅，鹅每只价值二三千。每有设，据人数取鹅。焊去毛，及去五脏，酿以肉及糯米饭，五味调和。先取羊一口，亦焊剥，去肠胃。置鹅于羊中，缝合炙之。羊肉若熟，便堪去却羊。取鹅浑食之，谓之'浑羊殁忽'。"[16]

该菜属于"酿菜"的一种，特殊之处，是以整腔羊为容器，将鹅焖熟。幼鹅去毛，掏除五脏，填充已经掺入调料拌匀的糯米饭拌肉，复将鹅塞进剥皮、去肠胃的羊腹之中，缝合后上火烘烤。炭火逼出羊肉的香气，羊腹内的鹅好似八卦炉里的九转金丹，运化修炼，饱吸鲜味精华，在羊油的滋润下，越发香嫩多汁。吃这道菜，与宴者只取吸收了羊肉鲜味的鹅食用，作为容器的烤羊则被丢在一旁，大概赏给宫人、侍者享受了。

〔北宋〕张择端《清明上河图》局部

　　宋代炒菜兴起，烧烤的江湖地位有所下降，不过菜式依然丰富。北宋的炙腰子、酒炙肚胘、炙金肠继承了君子们烤食内脏的优良传统[17]；到南宋临安美食街上转一遭，只要手里有钱，炙骨头[18]、酒炙青虾、五味炙小鸡、蜜炙鹌子、蜜烧臂肉炙、润熬獐肉炙[19]，各色下酒佳肴任君品尝。事实上，宋人的烤肉热情毫不逊于先辈，北宋"浮休居士"张舜民的《画墁录》记有一个故事：

> "相国寺烧朱院旧日有僧惠明，善庖，炙猪肉尤佳，一顿五斤。杨大年与之往还，多率同舍具飧。一日，大年曰：'尔为僧，远近皆呼烧猪院，安乎？'惠明曰：'奈何？'大年曰：'不若呼烧朱院也。'都人亦自此改呼。"

千年名刹大相国寺，在北宋为皇家寺院。《水浒传》中，鲁智深就是在此刹看菜园子时，顺便拔了棵杨柳树。鲁智深本在五台山出家，因喝酒吃肉打架斗殴，为僧众所不容，才被撵到大相国寺。而据张舜民记录，大相国寺有个和尚，厨艺一流，烤猪肉烤得极好。和尚厨艺一流不足为奇，和尚烤肉烤得好就不对劲了。寺里成天肉香飘溢，鲁智深若真到了此处，真是得其所哉，涮改守戒什么的，那是想都不用想了。这位烤肉和尚每顿饭要烤出五斤猪肉，显然不是只供自己食用，很可能还对外出售。和尚擅长烤肉已经很不对劲，对外出售就更不对劲了，对外出售而且生意火爆，就越发不对劲了。这和尚手艺极佳，烤肉遐迩闻名，京城人都管和尚所居下院叫"烧猪院"。方外好友杨大年问和尚："你说你好歹是个和尚，现在远远近近都管你这儿叫烧猪院，你心里能踏实吗？"和尚说："那我还能咋地？"倒是真性情。

和尚都练起了烧烤摊，可想大宋烧烤业何等兴旺。宋元时代，大约受食疗养生观念影响，烤大腰子悄然流行开来，世存一位南宋太子——很可能是后来的宋度宗赵禥（赵禥是史上有名的风流皇帝，他即位之后耽溺酒色）的日常食单，二十六道菜中就含有三道腰子[20]，几乎无日不食。

到了元朝"宫廷营养师"忽思慧手里，画风陡然一转，烤腰子刷酱汁，刷的居然是藏红花浸玫瑰露：

> "羊腰一对。咱夫兰一钱，右件用玫瑰水一杓，浸取汁，入盐少许，签子签腰子火上炙。将咱夫兰汁徐徐涂之，汁尽为度，食之。"[23]

花香馥郁的大腰子，真令人猝不及防，好比方才还是"许褚裸衣斗马超"，一晃眼画风急转，换成了"宝钗合药"。忽思慧这路婉约派烤腰子，或许专供后妃享用，温柔红粉，漠漠芳菲，意在冲淡腰子烟熏火燎的凛冽。而藏红花"主心忧郁积、气闷不散，久食令人心喜"[23]，舒怀破郁，聊或稍解深宫女子"长门槐柳半萧疏，玉辇沈思恨有余"的浓稠幽怨。

宋元俗语，烧烤又称"烧肉事件"。"事件"一词，原指动物内脏，相当于"下水"，随后引申开来，泛指一切烤肉。一部南宋末年的文人笔记，留下了当时贵族宴席上常见的二十五味烧肉事件：

羊羔前腿，煮熟后烤；羊肋排，生烤；麋、鹿肉、黄羊肉，煮熟后烤；野鸡，鸡腿生烤；鹌鹑，去内脏生烤；水扎（一种水鸟）、兔子，生烤；苦肠（小肠的一部分）、蹄子、火燎肝、腰子、脊肉（里脊肉），生烤；羊耳、羊舌、黄鼠、沙鼠、土拨鼠、胆灌脾，生烤；羊乳房，煮半熟烤；野鸭、川雁，熟烤；督打皮，生烤；全身羊（去除内脏的全羊），架于炉中烤。

以上种种，除烤全羊外，烤时皆在签子上插定，油、盐、酱、调料、酒、醋等调成酱汁，翻动签子涂拭，烤至明黄为度[22]。

明代的烤肉，看起来与今之习见者只差一味辣椒。江南才子高濂府上珍供的烤里脊：

> "烘肉巴：肉巴，用精嫩切条片，盐少腌之，后用椒料拌肉，见日一晾，炭火铁床上炙之，食。"[24]

即里脊肉切条，盐腌片刻，拌抹花椒末，静置晾晒，摊在炭火铁板上烤熟。

烤鹿肉：

> "用肉㓾二三寸长微薄轩，以葱、地椒、花椒、莳萝、盐、酒少腌，置铁床上，傅炼火中炙，再浥汁，再炙之。俟香透彻为度[25]。"

即鹿肉片作两三寸许的薄片，葱、地椒、花椒、莳萝、盐、酒略腌，铺展铁床之上，炭火煨炙，其间不断沐以腌肉的酱汁，直到表里烤透。后世流行的铁板烤肉，乃至韩式、日式烤肉之法，概莫出此藩篱。

北京烤鸭也在明代庖厨中悄然孵育，初具神形："炙鸭，用肥者，全体漉汁中烹熟，将熟油沃，架而炙之。"[25] 高汤煮熟的肥鸭，刷油浑烤。同样的做法也适用于烤驴肠："漉汁烹熟，复沃香油，炙干。宜蒜醋。"[25] 驴肠煮熟，浇淋香油烤干，佐蒜泥和醋。

自明徂清，北京烤鸭进化趋于完善，有词为证："烂煮登盘肥且美，加之炮烙制尤工。此间亦有呼名鸭，骨瘦如柴空打杀。"[26]《清稗类钞》中注："填鸭之法，南中不传。其制法有汤鸭、爬鸭之别，而尤以烧鸭为最，以利刃割其皮，小如钱，而绝不黏肉。"鸭用填鸭，烤后片取铜钱大的鸭皮飨客，皆如今法。

清人惯以肴馔之品命名酒席，有烧烤席、燕菜席、鱼翅席、海参席、三丝席（鸡丝、火腿丝、肉丝）、全羊席、全鳝席、豚蹄席种种。烧烤席奉为诸席第一，称之"满汉大席"，认为是无上上品。凡富贵人家，张置盛筵，必含烧烤，大者烤乳猪、烤全羊，小者烧方（一整块烤猪肉）、烤鸭。酒过三巡，呈上席来，厨师、仆人衣礼服而入，手持小刀当客脔解，盛于碗碟之器，仆人屈一膝，将第一器奉与首座贵客，贵客拾起筷子尝过后，其他人才纷纷下箸[27]。清代重烤肉，与满人食俗有关，那时满人贵族家遇祭祀喜庆，必请客吃肉。请客不发帖子，唯以声传，且"来的都是客"，纵使是陌生人登门，也一般款待。这一餐遵从古式，众宾席地而坐，厨子捧出一盘盘十几斤重的大肉块，宾客解下腰带上所佩小刀随意割取，就着滚烫的肉汤、甘冽的白干儿，大快朵颐，"添肉"之声不绝于耳，主人毫不心疼——按照习俗，客人吃得越多，主人越感欣慰。满人食风使然，为北方尤其是京津一带的饮食打上了鲜明烙印。乾隆、嘉庆年间，北京城里有位风雅的厨子，姓杨，烤肉一绝。他的餐馆大门上钉着一块牌额，上书"丝竹如何"，这是对"丝不如竹，竹不如肉"的有意曲解，意思是天地之间，以大口吃肉为第一赏心快意之事[27]。一部清代初、中期饮食的集大成之作《调鼎集》，记录了上流社会最风行的"满汉席"之满席的配菜标准，触目皆是整只烤、蒸的猪羊鸡鸭，抑或大块肘子、排骨：

"全猪、全羊、八斤重的烧乳猪、挂炉烤鸭一对、白蒸乳猪、白蒸鸭一对、扒乳猪、糟蒸乳猪、香鸭、六斤重的蒸肘子、白蒸鸡、白煮乌叉（蒙古人的全羊）、松仁煨鸡、五斤重的胸叉肉、烧肋条、白煮肋条、猪骨髓、羊照式、肉丸火腿海参烧羊脑、大蒜笋片肉丝炒羊肚、糟羊尾。"

上列许多看馔而今早已合流，不复满汉之分。实际上饮食历史，也正是炊具改革、食材发现和文化融合的历史。百万年前，山林间一簇天火刺穿夜空，千秋万代的烹饪从此明确了航向。人海茫茫，每个人颙望灯塔，义无反顾地首途，前路风号浪吼，但他们终会相遇。

 注释

［1］〔唐］刘恂《岭表录异》。

［2］〔北宋］孔平仲《子明棋战两败输张遇》。

［3］〔东汉］郑玄《周礼注》。《礼记·内则》所载无"炮牂"，而代之以"糁"。

［4］《左传·哀公十六年》。

［5］《晋书·刘毅传》，《南史·庾悦传》。

［6］《晋书·顾荣传》，《世说新语·德行》。

［7］〔西汉］贾谊《新书》。

［8］〔西汉］桓宽《盐铁论》。

［9］《孟子·梁惠王上》。

［10］《左传·庄公十年》。

［11］《世说新语·汰侈》。

［12］《礼记·少仪》。

［13］〔南宋］杨万里《谢叶叔羽总领惠双淮白二首其一》。

［14］〔唐］岑参《酒泉太守席上醉后作》。

［15］〔唐］张篱《朝野佥载》。

［16］〔唐］卢言《卢氏杂说》。

［17］〔南宋］孟元老《东京梦华录》。

［18］〔南宋］周密《武林旧事》。

［19］〔南宋］吴自牧《梦梁录》。

［20］〔南宋］司膳内人《玉食批》。

［21］〔清］毕沅《续资治通鉴》。

［22］〔元］陈元靓《事林广记》。

［23］〔元］忽思慧《饮膳正要》。

［24］〔明］高濂《遵生八笺·饮馔服食笺》。

［25］〔明］宋诩《竹屿山房杂部》。

［26］〔清］严辰《忆京都·填鸭冠寰中》。

［27］〔民国］徐珂《清稗类钞》。

千年一面

四千年前的一天，在位于今天青海省民和县官亭镇喇家村的地方，平静的生活在一个原始聚落里慢慢流淌。居民们大约刚刚进食过早餐，如同往日一样，垂髫孩童相聚游戏，或依母亲身前撒娇弄痴；女人怀抱幼儿，闲话家常；成年男子多已出门，留下几个少年在家做些轻松的劳作。谁也不曾料到，一场灭顶之灾会突然降临：大地剧烈震动，简陋的房屋不堪一击，立即坍塌，地震引发的山体滑坡和泥石流接踵而至，刹那间吞没聚落，将他们的生命永久定格。

2000 年，中科院考古研究所联合青海省文物考古研究所正式展开对青海省民和县喇家遗址的考古发掘。在遗址北区，考古人员清理出数十具古人类遗骸，在其中一座房屋遗址的东墙下，跪坐着一具成年女性的骸骨，她背靠墙壁，面朝房屋入口，右手撑地，左手环抱着一个婴儿，脸颊紧贴婴儿头顶。虽然无法重现她的面部神情，但后人还是能从她的这一姿势，想象到这位母亲临终前巨大的恐慌和无助。在她的西南方向，另一个成年女性的骨骸面朝门口，双手向后张开，拼命把四个孩童护卫在身后。该房的邻室，俯卧着一个成年女性的遗骸，她朝向房门，身躯下紧紧搂着一个婴儿，她的身后，还有一个背向大门，匍匐在地的儿童 [1]……

四千年前的瞬间，凝固成为永恒，在生命的最后一刻，铸就了永不磨灭的人性丰碑。

突如其来的灾难，封印了一切生活细节，喇家遗址仿佛一片历史的树叶，为树脂所包裹，沉入泥土，凝化为泪珠般的琥珀。除了腐朽和死亡，这里的一切仍维持着四千年前的模样，包括一碗未及食用的面条。

2002 年，考古人员从遗址 20 号房舍内清理出一批保存完好的陶器，其中一只篮纹红陶碗静静地倒扣在地面上。揭开碗时，一盘弯曲蜷绕、总长超过半米的面条

赫然现身 [2]，淡淡的米黄色泽，兀自保留着食物天生的诱人风情，令人忍不住想要加热一尝。这碗世界现存最古老的面条，也许是四千年前一个平凡的妻子留给丈夫的早餐。地震打翻了陶碗，泥石流厚厚掩埋，密闭封存，使陶碗内部形成半真空状态，西北地区干燥的环境，进一步阻止了有机物的腐败，于是这碗终究没能等到良人归来享用的面条，一直留到了今天。

回首四千年前的农业版图，那时小麦刚刚走完它的史诗旅程，穿过莽莽绝域，从西亚来到中国落地生根 [3]。中国麦作农业萌芽不久，规模不大，北方地区种植最广的是粟（小米）和黍（黄米）。而喇家遗址的面条，正是带壳的粟混合少部分的黍所制成的。面条样品分析还检测到了油脂和动物骨头碎屑 [4]，说明它搭配了丰盛的肉浇头，是一碗经过调味的大肉面。小米缺乏面筋蛋白，极难塑形，且中国的面粉磨制技术要到距此两千年后的汉代才得以普及，也就是说，在这碗面条所处的时代，技术不成熟，原材料也不合适，但它竟然被制作了出来。可以想见，从脱粒、磨粉、和面到揉捻，整个过程何其不易，它凝聚着一位妻子或母亲长长的情愫，千载之下，犹可体味。

泥土掩埋了喇家古面条，也掩埋了此后两千年的中华面条史。直到东汉以前，传世文献和考古资料再未出现过面条的身影，不论是周天子古怪而庞杂的食单，抑或诸子列侯献酬交错的宴飨，均难觅其踪。

先秦主食，不论蒸、煮、烘、油煎，清一色用的都是谷粒，南方人蒸米而食，北方人吃的是粟、稷或黍蒸饭。其实粟、稷、黍，包括小麦在内，都并不适合整粒蒸食。拿小麦来说，小麦籽粒种皮坚硬，蒸煮不易软烂，整粒进食难以咀嚼，也不利于消化吸收。而且上古时代粮食加工粗率，"舂之于臼，簸其秕糠，蒸之于甑，爨之以火，成熟为饭，乃甘可食" [5]。舂捣脱壳，簸箕扬一扬，接着上甑便蒸。漫说杵臼舂捣的脱壳效率低下，大量谷粒壳不能脱尽，即令是所谓精挑细选甄选而出的"精粹"，嚼起来也同样费力，一口饭含在嘴巴里，需鼓动腮颊，使劲儿嚼上半天。当年周公为了会客，一饭三吐哺，就是因为急切间嚼之不烂，客人来了，总不能含着满口饭渣跟人家见面吧，所以只好吐出来。设或周公吃的是面条，唏哩呼噜三下五除二咽将下去，哪里用得着反反复复地吐个没完。

蒸煮的麦饭，长久被视为野人农夫之食，一些孝子居丧期间，只吃麦饭，以示朴素克制，表达孝思。平民人家，麦饭却是日常主食，底层黎民食用麦饭的历史极长，一直到明代，麦饭才逐渐淡出了百姓的餐桌，退居为祭祀遗馔。南宋时期，乡村人家仍在蒸麦饭为食，按照陆游的描述，纵使丰稔之岁，农民也普遍选择蒸制麦饭，而不是磨制面粉：

〔明〕仇英《清明上河图》局部

歌起陂头正插秧，梯斜篱外又劖桑。
日长处处莺声美，岁乐家家麦饭香。[6]

小麦转换为面粉期间势必产生损耗，深知稼穑艰辛的藜藿之民，珍视寸丝粒粟之微，他们节俭的生活观，不能容忍像磨面这样"奢侈"的浪费。达官贵人食麦饭，则多被誉为清廉之举。光武帝刘秀早年戎马倥偬之际，曾亲自在灶前烘衣服，吃麦饭充饥，《后汉书》为此大书一笔："光武对灶燎衣，异复进麦饭、兔肩。"颂扬皇上吃苦耐劳，勤俭节约。

粒食粗粝难嚼，面食问世乃是大势所趋。西汉以降，麦作区域大幅扩张，从华北平原到河西走廊以东，平坦低湿的土地几乎悉为小麦占据。同一时期，磨面利器旋转石磨走红全国，有能力的家庭竞相置备。家里摆台石磨，说明粮食充裕，吃得起面粉，不在乎那点加工损耗，石磨俨然成了优渥家境的象征。西汉部分时期民风不淳，攀比成风，一家置办，家家步武，就算吃不起面粉的，好歹也得搞一台放在家里充充门面。不过话说回来，搞都搞来了，为啥不用？就算自家吃不起面粉，磨制贩售，也是不错的外快，于是在石磨转动的轧轧声中，面食悄然流行开来。

面条诞生于新石器时代，是面食家族绝对的元老，尔后不载经传，豹隐市野，神龙见首不见尾，逍遥了两千多年。到东汉，终于有人想起这位老前辈，把它请回简帻。东汉刘熙的《释名》谈及"饼"时，提到了两个指称面条的概念："汤饼"

和"索饼"。按照刘熙"随形而名"的注脚推测，前者是就烹制方式而言，指一切下入热汤的面食，包括面条、面片、碁子之类；后者是就形状而言，"索"之一字，既指出了面条的绳索之状，亦点明了揉握搓捻的制作手法，特指细长形的面条，不拘于汤面、蒸面。面条的这两个概括性别称，一直沿用到明清。

那时最好的汤面，汤是"三牲之和羹"，用猪骨、牛骨、羊骨熬制，众味调和相济的高汤；面是初夏新麦磨制的"飱宾之时面"。揉面师傅手艺高绝，成品面条弱似春绵，白若秋练，"细如蜀茧之绪"，没入汤中"靡如鲁缟之线"，就像沉水的冰纨素丝那样仿佛溶化不见[7]，举箸一捞，挂满箸梢，这才惊觉那不是幻术，神妙至斯，眩目夺神。伴随着吮吸的快感，它润滑的身体温柔绕过舌尖，令人欲罢不能，一时多少食客拜倒在面条的销魂滋味下。宫廷御厨当然也不会遗漏，将其纳入万方玉食。吃过兔子肩盖饭的光武帝刘秀有没有吃过面条，史无可考，但他的七世孙——汉质帝刘缵是肯定吃过的，不仅吃过，而且把命吃进去了。

东汉永憙元年（145 年），梁太后之兄，大将军梁冀扶立年仅八岁的刘缵为帝。幼君委裘，梁太后临朝，以梁冀辅政。梁冀是中国历史上外戚专权的典型，威行内外，权倾天下，朝中大小政事皆由他一言而决。百官任命升迁，需先至他府上谢恩，再向尚书台报到。辽东太守侯猛不吃这套，拜官后不去礼谢，居然被他砍了脑袋。汝南袁著上书请削其权，被他派人追杀，袁著百计避匿，易名改姓，又布设疑阵，弄了个假人扮成自己入棺下葬，宣示死亡，仍是避不开梁冀的耳目，被他拿住，活活打死。袁著的一位好友只因株连之罪，全家六十余口全数被杀。这样一个杀人狂魔陪伴君侧，那就不是"伴君如伴虎"，而是"君入虎口"了。然而幼主冲龄，童言无忌，哪里晓得厉害，一次看梁冀骄横，冲口便道："此跋扈将军。"梁冀听了这话，勃然大怒，回头就安排宫人在皇帝进食的汤面中投毒。刘缵饭后难受异常，卧床不起，急召太尉李固进宫。李固问道："陛下何故难受？"刘缵那时尚能开口说话，忍痛说道："朕刚吃过汤面，肚内剧痛，口渴得紧，给朕找些水喝。"梁冀站在一旁，阴恻恻地道："不行，喝了水要吐的，别喝了罢。"这一句话彻底绝了刘缵的生路，他强撑的一口气登时涣散，死在榻上[8]。

十二年后，梁冀恶贯满盈，被汉桓帝清算自杀，全族夷灭。但东汉王朝亦病入膏肓，杀了梁冀，冒起了宦官五侯，去了五侯，又出了个何进，诛了何进，又出了个董卓，朝纲扫地，天下骚然，终为曹魏篡代。篡汉自立的魏文帝曹丕，是历史上好奇心最强的君主之一，号称"穷览洽闻""于物无所不经"。他身为九五之尊，居然写了一本灵异故事集，题为《列异传》。此书的性质，跟干宝的《搜神记》一样，书中收有大量臣子家的八卦奇闻，以及民间超自然事件，著名的"宋定伯捉鬼"便首见该书，自古皇帝写灵异志怪鬼故事的，大概曹丕是独一份。不晓得一个雅好搜奇、爱听八卦的皇帝，平日跟臣工相处是怎样的光景，也许每每常朝之末，少不得嘱咐一句："众爱卿有八卦就启奏，没有就退朝。"曹丕的好奇性子，体现在各个方面，也包括饮食。前章提到，他叫人蒸了一锅洛阳稻米，亲自体验后，慷慨激昂地发表了吃后感，现身说法，证明魏国粳稻不逊吴楚名米。他还手植过甘蔗，观察其生长习性：

掘中堂而为圃，植诸蔗于前庭。
涉炎夏而既盛，迄凛秋而将衰。[9]

曹丕曾与钟繇合作，推出了九宫格火锅的先驱"五熟釜"。《三国志·魏书·钟繇传》："文帝在东宫，赐繇五熟釜，为之铭。"注引《魏略》："繇为相国，以五熟釜鼎范，因太子铸之。釜成，太子与繇书曰：'昔有黄三鼎，周之九宝，咸以一体，使调一味，岂若斯釜，五味时芳。'"这段记载明确指出，五熟釜分为五格，可同时烹煮五种食物，已然具备九宫格火锅的形韵。

〔唐〕阎立本《历代帝王图》之曹丕

有一年夏末秋初，余暑未散，曹丕醉酒宿醒，口渴烦闷。侍者呈上一盘葡萄，那葡萄是新摘的，兀自带着露水。果肉入口，遍体清爽，曹丕吃得停不下来，越吃越开心，忍不住又大发议论，提笔给别人写了一封信分享葡萄的好处，说这种水果清甜多汁，光是想想就口齿生津，喉头咽唾；真到吃的时候，脑皮层持续"爆炸"，喜欢得连甄姬都忘了："甘而不饴，脆而不酸，冷而不寒，味长汁多，除烦解倦……道之固以流羡咽唾，况亲食之邪……即远方之果，宁有匹者乎？"[10]

曹丕自己在炎夏吃着葡萄除烦解倦，却勒令妹夫吃热汤面。曹丕有个妹妹，封金乡公主，招的驸马是曹操众多养子之一，姓何名晏。何晏长得极为秀气，玉面丹唇，肤白俊美，爱打扮，还喜欢嗑五石散，这种重金属丹药吃多了，本就白皙的脸上更是白得没点血色。曹丕打小就看这油头粉面的小子不顺眼，后来见他的脸越来越白，不禁怀疑：难道这厮偷用了我妹妹的脂粉？他好奇性子发作起来，不可抑制，非把这事查清楚不可。但如何验证呢？总不能把何晏唤到御前，伸手去捏他的脸吧？倘使让何晏误会自己癖好断袖，可就尴尬至极了。思来想去，曹丕想到一个主意，传召何晏进宫，说是要请他吃饭。那时正是盛夏，侍者捧来一大碗滚烫的汤面，这是皇上赏饭吃，何晏岂敢迟疑，顾不得烫口，举箸就吃。三两口吃得大汗淋漓，随手举起衣袖拂拭面额。曹丕坐在上首，目不转睛地紧盯着，只见何晏那张俊脸被热气一逼，白里泛红，愈发俊俏，并没有出现汗浸脂粉、抹个大花脸的情形，这才释去疑心[11]。

荆楚一带，流行六月伏天吃汤面辟邪之俗[12]，其他地区，盛暑时节请人吃汤面则不太常见。西晋人束皙作《饼赋》强调说，汤面最宜冬季食用御寒："玄冬猛寒，清晨之会，涕冻鼻中，霜凝口外。充虚解战，汤饼为最。"严冬寒晨的聚会，大家冻得乞乞缩缩，胡子上沾满了冰碴子，鼻管都冻堵塞了。这时来一碗暖烘烘的汤面，真仿佛是雪中送炭，四肢百骸无不熨帖。只苦了那些侍候主人的书童奴仆："行人失涎于下风，童仆空噍而斜眄。擎器者舐唇，立侍者干咽。"眼巴巴地瞧着，馋得魂不守舍，却没资格染指，足见那时吃面乃是上流阶层的享受。

"水引饼"便是深受上流社会欢迎的一种汤面。萧道成草创南齐之前，时与好友何戢欢宴。何戢细心体贴，清楚萧道成所好，每置水引饼款待[13]，萧道成吃得流连忘返。萧道成体格肥胖，大腹便便，他那副大肚腩，说不定正是在何府上吃面吃出来的。汉魏时代诸种面条，多半造法失考，所幸北魏贾思勰的《齐民要术》（《齐民要术》撰于北魏、东魏之间）保留了水引饼的制作教程：

> "细绢筛面，以成调肉臛汁，待冷溲之。水引：挼如箸大，一尺一断，盘中盛水浸，宜以手临铛上，挼令薄如韭叶，逐沸煮。"

水引饼有三大特点：一是不用清水，只取肉汤和面；二是面剂搓到筷子粗细，截断成尺把长的面条时，要先在水里浸一会儿，浸泡令部分淀粉析出，面筋比提高，口感更筋道；三是面片极薄，薄如韭叶，手临锅边，随捻随下。这样的面条，占得鲜、劲、滑三字，难怪让一代枭雄萧道成欲罢不能。还有一路做法，是把肉汤换成茶汤，魏晋六朝那些清隽自许，脱略狷介到似乎一阵风吹过就要飞升成仙的雅士，最好这一口。茶水经细绢过滤，倒入极细的面粉中调和，面团揉到刚软适中，水浸拉长。茶汤揉造的水引饼，据说有代茶的作用，"羹杯半在，才（原文为"财"）得一咽，十杯之后，颜解体润"[14]，提神醒脑，润肤开颜。

［南宋］刘松年《撵茶图》

［南宋］刘松年《斗茶图》

在萧道成们看来，冬天固然要吃汤面，夏天恐怕也不忍舍弃，只是面与清爽不可得兼，殊为恨事。千百年来，不知多少老饕，只为割舍不下那口浓腴，甘愿头顶酷暑，挥汗如雨，啜吸面条。至晚到唐代，这千古遗憾终于得以解决，杜甫便身受其惠，一次过足嘴瘾，骨清神爽之余，兴奋挥毫写道：

> 青青高槐叶，采掇付中厨。
> 新面来近市，汁滓宛相俱。
> 入鼎资过熟，加餐愁欲无。
> 碧鲜俱照箸，香饭兼苞芦。
> 经齿冷于雪，劝人投此珠。
> 愿随金騕褭，走置锦屠苏。
> 路远思恐泥，兴深终不渝。
> 献芹则小小，荐藻明区区。
> 万里露寒殿，开冰清玉壶。
> 君王纳凉晚，此味亦时须。

这首诗题名《槐叶冷淘》，"淘"字作"汁液拌和"解，槐叶冷淘，便是槐叶榨汁和出来的凉面。其降温之法大概有二，或吊在井里冷透，或直接过凉水。此面色呈碧绿，冷却之后，经齿似雪，入喉透心。再佐以香菜（藿香等芳香植物的叶子）、茵陈、冰藕之类[15]，火伞高张时节，吞下一碗，仿佛"振衣千仞冈"（出自左思《咏史八首》），风满襟袖，肺腑皆沁。

杜诗心悬魏阙，三句话不离君国，自己吃得舒服了，还惦记着把这好东西觐献皇上，因道："君王纳凉晚，此味亦时须。"考《唐六典》"夏月加冷淘粉粥"以及南宋朱翌《猗觉寮杂记》注"太官令夏供槐叶冷淘"，看来皇上们早就享过这份口福了。另一位纯粹的"吃货"苏东坡在吃冷淘时，就没有余暇像杜甫这般思绪联翩，东坡先生一旦遇到美食，便满心唯剩个"吃"字：

> 枇杷已熟粲金珠，桑落初尝滟玉蛆。
> 暂倚垂莲十分盏，一浇空腹五车书。
> 青浮卵碗槐芽饼，红点冰盘藿叶鱼。
> 醉饱高眠真事业，此生有味在三余。[16]

"吃货"的人生之乐，莫过于蹭吃蹭喝。苏东坡也喜欢蹭吃蹭喝，但他毕竟有头有脸，不好意思总是空着手到人家里白吃。这次去吃槐叶冷淘，也许是怕人家不给白吃的缘故，很细心地带了桑落酒和鲈鱼作礼物。桑落酒是新酿的，酒里还浮着白色的酵米（玉蛆）。主人很高兴，说了许多客套的话，东坡先生心思全在食物上，只见冷面撒着碧绿的槐芽，红殷殷的生鱼片陈列冰盘，主人说了些啥，大概一句也没听见。

唐朝东都洛阳又有一家名店，经营"水花冷淘"。这家冷淘铺子开在洛阳郊外一泓清泉之畔，那泉名叫"野狐泉"，水色澄碧，四季长流，石岸一带细柳如烟，夏日正宜遮阳。煮面、酿酒，都是就近取用泉水，酒不是用来喝的，而是用来和面的，加入米酒，面团微微发酵，面条口感倍加细腻绵软。铺子的主人是一位老姥。老姥年纪已经不轻，但手法依旧迅捷无比，她使一口吴刀削面，调和土酿米酒揉制的面团，随着刀光闪烁，化为漫天花雨，洒落汤中，激起水花点点。观者想要鼓掌称赞，才拍了一下手掌，那面早已削完了。老姥宛如一位幻术师，隐身在氤氲的热气里，不声不响地幻化出一碗碗凉面。食客目眩心惊，既餍口腹，又饱眼福，大有不虚此行之慨，水花冷淘名动京洛，富豪子弟竞相携金就食[17]，活脱脱是家大唐网红店。

宋代流行一句俗谚："冬馄饨，年馎饦（面片）。"[18]建议春节吃面。到了明清，这句话却变成了"冬至馄饨（饺子）夏至面"。所谓夏至面，指的就是当时北京（北宋的北京为大名府，今河北大名县）号称"天下无比"的冷淘[19]。

〔清〕徐扬《乾隆南巡图》局部

两税法的实施，明确将麦纳入税收范畴，唐代小麦产量随之猛增，各色面食蔚为大观，面条也日益普及。过生日吃长寿面之俗，很可能肇始于唐代。南宋朱翌《猗觉寮杂记》云："唐人生日多具汤饼。"马永卿的《嫩真子》中也有记载："世所谓'长命面'者也。"早在魏晋之世，民间就时兴端午节于臂上系五彩丝绳，呼为"长命缕"。唐人好口彩，结婚纳彩都要送长命缕，图个吉祥平安。那么同样细长如丝线的面条被称为长命面，安排在生辰食用，也就合情合理了。古人避忌讲究极多，像生日、本命年这些与出生时间有关的年日更需留神，否则就会"犯冲"，今天民间还留有若干本命年躲灾传统，譬如穿红袜子、红内衣云云，为该俗信的余绪。生日吃面的初衷，或许与端午节佩长命缕及本命日、本命年躲灾一样，原是为辟邪去恶，后来被禳的色彩慢慢为祝福之意取代。祝福的对象，不独限老人，弄璋之庆，新生儿的父母也会请客人吃面。唐代进士张盥出生时，张家摆酒庆贺，刘禹锡受邀与宴，吃的就是面条。转眼张盥长大成人，要进京赴考，刘禹锡犹记得当年席间所食汤面之味，写诗相赠，助他挂帆沧海，猎取功名：

> 尔生始悬弧，我作座上宾。
> 引箸举汤饼，祝词天麒麟。
> ……
> 尔今持我诗，西见二重臣。
> 成贤必念旧，保贵在安贫。
> 清时为丞郎，气力侔陶钧。
> 乞取斗升水，因之云汉津。[20]

以上所举的例子，可能会造成唐朝人人有面条吃的印象，其实不然。面粉价格不菲，面条制作费时，底层小民无力备办，大多数人的每日主食仍是蒸粟饭和蒸麦饭。甚至王爵之尊，有时想吃碗面条，也不能轻易得到。唐玄宗李隆基发迹前，是个八竿子打不着皇位的郡王。那时他娶了军中一位王姓将领的女儿为正妃，与军人联姻，有助于争取军方好感，也为他日后动员军队发动政变打下了基础，不过那是后话了。做郡王的时候，没人能料到他将来竟能身登大宝，因此很少有人巴结他。郡王时期的李隆基穷得很，过生日连口面条都没得吃，岳丈瞧着心疼，拿出自己一套限量款潮牌紫半臂（短袖上衣）换了一斗面粉，替李隆基做寿面，李隆基感动得稀里哗啦。后来李隆基登极为帝，发妻王氏晋位皇后。当了皇帝的李隆基，心态、条件皆不同昔日了，且不说后宫三千佳丽，单一个千娇百媚的武惠妃，足以勾留君王不早朝。皇后王氏久无所出，色衰恩弛，眼见武惠妃日益得宠，玄宗日渐冷漠，安全感碎了一地。她不断找机会重提往事，希望以当年相濡以沫的患难情分打动玄宗。玄宗听皇后提起"陛下独不念阿忠脱紫半臂易斗面，为生日汤饼邪？"亦恻然动容。不过旧爱总是难敌新欢，开元十二年（724 年），王皇后被废为庶人，未几凄凉而终[21]。

〔唐〕李思训（一说为李昭道）《明皇幸蜀图》

宋代市民经济勃然兴起，村野之地也可见煮面营生的小食摊，庶几为面条平民化的标志。陆游的《老学庵笔记》中记录了一个故事，说苏东坡和黄庭坚同时被贬，两人谪途偶遇，相约吃饭。山乡荒野，没啥好吃的，便在路边买了份面条将就着对付。村野面食磨制不精，泥沙、麸子混杂面中，不胜拣剔，粗恶难咽。黄庭坚吃了一口就吃不下了，筷子一扔直叹气。苏东坡呼噜噜一口气吃完，擦擦嘴，看着一旁愁眉苦脸的患难好友哈哈大笑，揶揄道："怎么着，九三郎，吃这种面条你不囫囵吞，难道还打算细嚼品尝？"

〔明〕崔子忠《苏轼留带图》

苏黄遇到的，是"下等人求食粗饱"，代表当世做得最粗的面条。宋代隐士食谱《山家清供》所载"梅花汤饼"，则可谓另一个极端：

> "泉之紫帽山有高人，尝作此供。初浸白梅、檀香末水，和面作馄饨皮，每一叠用五出铁凿如梅花样者，凿取之。候煮熟，乃过于鸡清汁内。每客止二百余花，可想一食亦不忘梅。后留玉堂元刚有和诗：'恍如孤山下，飞玉浮西湖。'"[22]

浸过白梅花、檀香末的水和面做馄饨皮大小的面片，用梅花形的铁模子印刻面片，成梅花五出之状，下水煮熟，过入吊好的鸡清汤飨客，供应限量，每客仅限两百片。鸡汤鲜美，白梅暗香浮动，奇异的味觉组合层次丰富，有位食客形容得妙："恍如孤山下，飞玉浮西湖。"

还有更雅致的：直接采新开的梅花花瓣榨汁，用花汁和面，薄擀缕切成丝，急火煮之，候熟投冷水过凉，随意浸以猪、羊、鸡、虾、蟹等高汤。味既甘美，色更鲜翠，穷灵尽妙，号称"翠缕冷淘"[23]。这样清高拔俗的吃法，若非古籍言之凿凿，今人未必敢信。

山野清供已如此不同凡响，九陌京华，琳琅珍味，更不知多少。北宋汴京市肆上，有"生软羊面""桐皮面"，四川风味的"插肉面""火燠面"，南方风味的"桐皮熟脍面"[24]；南宋临安，有"猪羊庵生面""丝鸡面""三鲜面""鱼桐皮面""盐煎面""笋拨肉面""炒鸡面""大熊面""子科浇虾燥面""银丝冷淘""大片铺羊面""炒鳝面""卷鱼面""笋辣面""笋菜淘面"[25]。吴自牧却称临安城的面馆"非君子待客之处"，有身份的客人，以及正儿八经请客的人都不会踏足，这里只是里巷负贩、乌莶小民平时果腹的去处，此为面条普及化的一证。

宋代面条向细长化发展，并开始搭配各种荤素浇头。一份江南家常水滑面，浇头就包括芝麻酱、杏仁酱、咸笋干、酱瓜、糟茄、姜、腌韭菜、黄瓜丝和煎肉[26]，简朴而丰饶。元明时期，出现了接近现代水平的肉臊子面：臊子选嫩猪肉，肥瘦各半，去筋去皮切丁，水、酒煮半熟捞起。将水倾去，重新烧锅，次第下入猪油、肥肉臊子、瘦肉臊子、酱、香椒、缩砂仁、葱白翻炒，出锅前以绿豆粉勾芡[27]。

当此之时，面条发展趋于成熟，挂面、扯面络绎问世。元人忽思慧《饮膳正要》："挂面，补中益气。羊肉一脚子切细乞马，挂面六斤，蘑菇半斤洗净切，鸡子五个煎作饼，糟姜一两切，瓜齑一两切。右件用清汁下胡椒一两，盐、醋调和。"羊肉、蘑菇、鸡蛋、糟姜、腌瓜，饶美的配角阵容，踵事增华，滋养得面条味道益发动人。扯面是今天拉面的前身，若有机会走进明代厨房，或许可以欣赏到形韵仿佛后世的魔术"面团秀"：

"用少盐入水和面，一斤为率。既匀，沃香油少许，夏月以油单纸微覆一时，冬月则覆一宿，余分切如巨擘。渐以两手扯长，缠络于直指、将指、无名指间，为细条。先作沸汤，随扯随煮，视其熟而浮者先取之。斋汤同煎制。"[28]

面点界有句老话，叫作"盐是骨头碱是筋"。盐水和面，面粉的蛋白分子阵列变得紧密，这是面条筋道的秘诀。略略醒发，绕指抻拉，成品细匀而不断，需要娴熟的技巧。清代面师又有新创见，他们使用碱改良面团延展性，面条被拉得更细，口感更弹。自然界的碱不难获取，西北地区砂地、山坡和石滩生长大片白茎盐生草，烧成灰烬，就是后世兰州拉面必备的"蓬灰"。清代，拉面又名"桢条面"，山东、河北、山西、陕西制作尤其出色，薄如韭叶，细于挂面，甚至能成三棱之形：

"其以水和面，入盐、碱、清油揉匀，覆以湿布，俟其融和，扯为细条，煮之，名为'桢条面'。其法以山西太原平定州，陕西朝邑、同州为最佳。其薄等于韭菜，其细比于挂面，可以成三棱之形，可以成中空之形，耐煮不断，柔而能韧，真妙手也。"[29]

嗜吃螃蟹，人称"蟹仙"的清初才子李渔，对于饮食之道，秉持着近乎偏执的要求。李渔原名叫仙侣，字谪凡，号天徒，整个人仙气缭绕，就是吃碗面，也吃得出尘脱俗，卓尔不凡。李渔很少光顾面馆，在他看来，外间面条皆无足观，最好的面条出自他自家厨房。他以为，寻常煮面，入料于汤，令汤有味而面无味，是喧宾夺主，食客评价面条，实际上多半是在评价面汤和浇头，面条本身却往往被忽略了。

为给面条正名，李渔倡议将作料混入面粉。他亲自指导家厨炮制了两种面，一名"五香面"，一名"八珍面"，前者自己享用，后者款待客人。所谓五香：酱、醋、花椒末、芝麻、笋或蕈菌煮虾之汤。笋、蕈、虾皆极鲜灵物，取此汤代水和面，面擀得极薄，切得极细，下面之时，毋庸再求肉、鸡高汤，而精粹之味已尽在面中了。

> "所制面有二种，一曰'五香面'，一曰'八珍面'。五香膳己，八珍饷客，略分丰俭于其间。五香者何？酱也，醋也，椒末也，芝麻屑也，焯笋或煮蕈、煮虾之鲜汁也。先以椒末、芝麻屑二物拌入面中，后以酱、醋及鲜汁三物和为一处，即充拌面之水，勿再用水。拌宜极匀，擀宜极薄，切宜极细，然后以滚水下之，则精粹之物尽在面中，尽匀咀嚼，不似寻常吃面者，面则直吞下肚，而止咀咂其汤也。八珍者何？鸡、鱼、虾三物之肉，晒使极干，与鲜笋、香蕈、芝麻、花椒四物，共成极细之末，和入面中，与鲜汁共为八种。酱、醋亦用，而不列数内者，以家常日用之物，不得名之以珍也。鸡鱼之肉，务取极精，稍带肥腻者弗用，以面性见油即散，擀不成片，切不成丝故也。但观制饼饵者，欲其松而不实，即拌以油，则面之为性可知己。鲜汁不用煮肉之汤，而用笋、蕈、虾汁者，亦以忌油故耳。所用之肉，鸡、鱼、虾三者之中，惟虾最便，屑米为面，势如反掌，多存其末，以备不时之需；即膳己之五香，亦未尝不可六也。拌面之汁，加鸡蛋青一二盏更宜，此物不列于前而附于后者，以世人知用者多，列之又同剿袭耳。"[30]

李渔晚年，为归正首丘，在杭州清波门外的云居山麓筑园卜居，江湖归白发，诗画醉红颜，了却"老将诗骨葬西湖"之愿。清波门一带，自古名食集萃，龙井茶是不消说了，可甜可咸、千层松脆的蓑衣饼名震天下，还有铺着鲜嫩鳝段的鳝鱼面。杭州的鳝鱼面，是用黄鳝熬卤，加面煮过。或熟鳝切段，麻油炸酥，以酱油、姜汁、醋调成浇头，厚厚浇在鸡汤面上[31]。

现代工业技术能够精细分离麦粒的各个部分，生产出高筋、中筋、低筋等不同级别和分类的面粉，适应面包、饺子皮、饼干之类不同食物或口感需求。从前的石磨可不具备这般本事，麦粒倒进去，甭管麦心、胚芽还是麸皮，一股脑碾碎，混在一处，筛也筛不清楚。平心而论，这种名副其实的"全麦粉"营养可能比精面粉更全面，但有一样不好——不耐贮存，易酸败。为了对抗面粉变质，明代人研制了一种超越时空、极其超前的"方便面"。松江人宋诩在《竹屿山房杂部》写道：

> "用面调盐水为小剂，沃之以油，缠之于架而渐移，架孔垂长细缕。先用水煮去盐，复以前制斋汤调瀹之，暴燥，渐用。"

意即盐水和面入味，面条涂油煮熟后捞出，暴晒脱水后收起，随食随取。由于面条已经煮熟，下次食用，热水泡开即可，正合"方便面"之宗旨。

面条旧称汤饼，就字面意思而言，"汤饼"涵义显然广于"面条"，也更适合这种食物——一切经水处理过的条状、片状、块状面食，皆可称汤饼。而面条只是汤饼的一种——"索饼"。但后来随着俗语的流传，面条的词义也在一定程度上发生了变化，出现了词义扩大现象，最终成为一切形状汤饼的通称。

汤饼家族，活跃着一支与面条并道演进的同胞兄弟，名为"馎饦"（bó tuō）。馎饦形制非条，而是片。《齐民要术》记录的馎饦，两寸长，拇指宽：

> "接如大指许，二寸一断，著水盆中浸。宜以手向盆旁，接使极薄，皆急火逐沸熟煮。非直光白可爱，亦自滑美殊常。"

馎饦之名，据说原为"不托"。盖最初的汤饼，面剂揉成之后，不以刀截，而是托在掌上，手撕下汤。后来金属炊具普及，厨房里有条件配备菜刀了，厨师这才把掌托的面剂放下，改用刀切，故称"不托"，取"不必掌托"之义[32]。当然此说十分牵强，刀具的历史远比汤饼悠久，况且最远古的喇家面条也是手搓的条状，而非手撕捏扁的面片。面条、面片孰为兄，孰为弟，难说得很。

馎饦的面汤、浇头调制，与其他面条无异，独以其形状特殊，在唐代衍生出一路豪放吃法。唐人将生羊肉缕切，置于碗底，上覆一片一片的馎饦，浇五味汁、花椒粉、酥油，拌匀而食，名为"鹘突馎饦"[33]。馎饦软滑香嫩，生肉膻气纵横口腔，凛冽飞扬，那是洛水桥上的青云，也是玉门关前的风霜。宋代"红丝馎饦"，则透着宋人精致的小资气质。红丝馎饦的红丝来自虾肉，研取鲜虾肉泥和面，煮熟的面片，色作青红，辅以剁烂的鸡白肉、虾脑烧成的浇头，鲜美异常[23]。南宋隐藏"吃货"陆游毫不掩饰自己见到馎饦时忘我的失态，其《朝饥食齑面甚美戏作》：

> 一杯齑馎饦，老子腹膨脝。
> 坐拥茅檐日，山茶未用烹。

陆放翁吃了"一杯"素臊子浇头馎饦，吃完坐在茅舍前，肚子鼓了起来，这一杯想必分量不小。

汤饼家族，馎饦还有一位小弟，叫作"棋子"，也作"碁子""棊子"或"棋子"，顾名思义，是棋子大小的面片。六朝时期，吃得起面食的人家为了免于反复磨面、揉面之劳，会蒸上大量棋子，冷透装袋，存放起来，备以日常煮食。《齐民要术》：

"刚溲面，揉令熟，大作剂，挼饼粗细如小指大。重萦于干面中，更挼如粗箸大。截断，切作方棋。簸去勃，甑里蒸之。气馏，勃尽，下着阴地净席上，薄摊令冷，挼散，勿令相黏。袋盛，举置。须即汤煮，别作臛浇，坚而不泥。冬天一作得十日。"

到宋代元代，棋子开始放飞自我，形状不再限于围棋形，菱形、柳叶形、雀舌形等均可，想做成什么形状，没人管得着，不嫌麻烦的话，甚至可以在面片上印花。南宋临安"三鲜棋子""虾米棋子""鸡丝棋子""七宝棋子""百花棋子"名动江左，三鲜、鸡丝云云，大抵指面片汤中同煮之物。元代"水龙棋子"是正方形小面片，搭档水龙子（小肉丸）、山药、胡萝卜、糟姜，用清汤、胡椒、盐、醋共同成就的美味[34]。还有讲究刀工的米心棋子，面片切成米粒大小，煮熟、过凉、捞起、控干，麻汁、碎肉、糟姜末、酱瓜末、黄瓜末、香菜组成浇头，夏日一碗，清鲜爽神[35]。

北方的面馈饳（gǔ duò）、面疙瘩、揪片、剔尖这些形状不规则的块状汤面，约莫也在宋元成型。剔尖又叫"拨鱼儿"，调好面糊，用匙或筷子一缕缕挑入开水，成品身圆尾尖，形似小鱼。元代的"玲珑拨鱼"，还要在面糊中搅入切成豆大的肥牛肉或羊肉丁，复以汤匙拨进沸水，面浮而肉沉，是谓"玲珑"，佐料很简单，盐、酱、椒、醋足矣。又有"山药拨鱼"，取捣烂的熟山药及豆粉和面，喜欢甜口的，可于此时拌入白糖。大凡拨鱼，最相宜的搭档还是肉臊子[35]，几百年前的食谱这样推荐，几百年后，晋陕老饕偏爱犹然。

中国的主食格局，自古就有"北面南米"之称，南方的米线米粉，是否受面条启发而来，谁也说不清楚。不过传世文献中米线的记载，殊不晚于面条。东汉服虔《通俗文》言"煮米为糁"，"糁"大约便是米线。米线后来又称为"粲"，贾思勰《齐民要术》引《食经》写道：

> "用秫稻米，绢罗之。蜜和水，水蜜中半，以和米屑。厚薄令竹杓中下。先试，不下，更与水蜜。作竹勺，容一升许，其下节，概作孔。竹勺中，下沥五升铛里，膏脂煮之熟。三分之一铛，中也。"

"秫稻米"即糯米，糯米磨成粉，用蜜和水调成膏体，以能够流动为原则，不可太干。灌入底部钻孔的竹勺（漏勺），粉浆流出而成细线，漏入烧沸的油铛，这就是早期的炸米线，其形态口感大约类似后世的馓子。

《齐民要术》另刊有一种"粉饼"：

> "以成调肉臛汁，接沸溲英粉。若用粗粉，脆而不美。不以汤溲，则生不中食。如环饼面，先刚溲，以手痛揉，令极软熟。更以臛汁，溲令极泽，铄铄然。割取牛角，似匙面大，钻作六七小孔，仅容粗麻线。若作'水引'形者，更割牛角，开四五孔，仅容韭叶。取新帛细绸两段，各方尺半。依角大小，凿去中央，缀角著绸。以钻钻之，密缀勿令漏粉。用讫，洗，举，得二十年用。裹盛溲粉，敛四角，临沸汤上搦出，熟煮，臛浇。若著酪中及胡麻饮中者，真类玉色，稹稹著牙，与好面不殊。一名'搦饼'，著酪中者，直用白汤溲之，不须肉汁。"

意即用肉汤和米粉调成糊——肉汤需是沸腾状态，否则米粉将是生的。割一片牛角，钻若干小孔，缝在一块新制的白绢上，制成绢袋。牛角孔洞直径的标准，是绢袋盛装米糊，不会自然渗漏，但用力挤捏，能够以线状喷出。喷入沸水煮熟捞起，浇以肉汤、乳酪或芝麻糊。此粉白如脂玉，香糯适口。

　　到宋代，江西的"米缆"已达到细如银丝的水平，宋人楼钥《攻媿（愧）集》："江西谁将米作缆，卷送银丝光可鉴。"不仅细，而且有干制的鸟窝状米粉出现，此物耐久存，易于售卖[36]，与今市场所见者，相去不远。

　　老话说"人走茶凉"，时光送走了来来往往的无数匆匆过客，而留在饭桌上的那碗面，依然浓香醇厚，热气腾腾。它一端连着石器时代，一端延续向望不到头的美好未来，它串联起世界，串联起时代。今后百世千年，这碗面还将继续传承下去，厮守人间，长情星河。

［清］徐扬《盛世滋生图》局部

注释

[1] 任小燕，王国道，蔡林海，等.青海民和县喇家遗址2000年发掘简报[J].考古，2002（12）：12-28.

[2] Ren X，Cai L，Wu N，et al. Culinary archaeology：Millet noodles in Late Neolithic China[J]. Nature，2005，437（7061）：967.

[3] 赵志军.小麦传入中国的研究——植物考古资料[J].南方文物，2015（3）：44-52.

[4] 吕厚远，李玉梅，张健平，等.青海喇家遗址出土4000年前面条的成分分析与复制[J].科学通报，2015（8）：744-756.

[5] 〔东汉〕王充《论衡》。

[6] 〔南宋〕陆游《戏咏村居》。

[7] 〔西晋〕傅玄《七谟》。

[8] 《后汉书·梁统列传》，《后汉书·李杜列传》。

[9] 〔三国魏〕曹丕《感物赋》。

[10] 〔三国魏〕曹丕《与吴监书》。

[11] 〔南朝宋〕刘义庆《世说新语·容止》（一说请何晏吃面者系魏明帝曹叡）。

[12] 〔南朝梁〕宗懔《荆楚岁时记》。

[13] 《南齐书·何戢传》。

[14] 《太平御览》引弘君举《食檄》。

[15] 〔唐〕卢肇《逸史》。

[16] 〔北宋〕苏轼《二月十九日携白酒鲈鱼过詹使君食槐叶冷淘》。

[17] 〔五代〕王仁裕《入洛记》。

[18] 〔北宋〕吕原明《岁时杂记》。

[19] 〔清〕潘荣陛《帝京岁时纪胜》。

[20] 〔唐〕刘禹锡《送张盥赴举诗》。

[21] 《新唐书·后妃列传》。

[22] 〔北宋〕林洪《山家清供》。

［23］〔元〕陈元靓《事林广记》。

［24］〔南宋〕孟元老《东京梦华录》。

［25］〔南宋〕吴自牧《梦粱录》。

［26］《吴氏中馈录》。

［27］〔明〕韩奕《易牙遗意》。

［28］〔明〕宋诩《竹屿山房杂部》。

［29］〔清〕薛宝辰《素食说略》。

［30］〔清〕李渔《闲情偶寄》。

［31］〔清〕《调鼎集》。

［32］〔唐〕李匡文《资暇录》。

［33］〔唐〕杨晔《膳夫经手录》。

［34］〔元〕忽思慧《饮膳正要》。

［35］〔元〕《居家必用事类全集》。

［36］〔南宋〕陈造《徐南卿招饭》。

糕点的脉络

　　"点心"一词，大约始称于唐朝。唐人所谓"点心"，多用作动词，意思是"点饥""吃点东西以安心"。下面举两个故事，请列位看官体会。

　　第一个故事，见于刘崇远《金华子杂编》、吴曾《能改斋漫录》。说的是唐朝有个江淮留后（江淮代理盐铁转运使），名叫郑傪，这人是个小气鬼，坐享肥缺，家里金帛山积，富得流油，却吝啬得要命。他家的规矩是每天早上厨下备好晨馔，统统送进一间密室锁起来，谁要吃饭，需打报告，郑傪批准了，才交给仆人钥匙，取出一份。一天清晨，郑傪的小舅子来给姐姐请安，郑夫人刚刚起床正在化妆。你知道的，那时女子梳妆起来较为麻烦，堆鬟挽髻，选钗试珰，精描巧画，仔细端相，一时三刻搞不定。小舅子乖巧地站在一旁，想等着姐姐一块儿吃早饭，直等得饥肠辘辘。郑夫人道："哎呀别在这儿傻杵着了，我妆还没化完，你先去胡乱吃些，垫垫肚子。"（治妆未毕，我未及餐，尔且可点心）小舅子便去领餐，但是郑家没备他的份儿，小舅子只好把郑夫人那份领来吃了。及至郑夫人妆毕，仆人又去找郑傪讨要钥匙取餐，郑傪急了眼："刚才不是吃过了吗！咋又要吃？"郑夫人道："刚才那份是你小舅子吃了。"郑傪跳起来，把钥匙一摔："吃吃吃！就知道吃！别人家的娘子，也不见得吃这许多！"

〔南宋〕佚名《春宴图卷》局部

第二个故事则具有志怪色彩，出自戴孚的《广异记》。说洛阳思恭坊里住着一个姓唐的录事参军，此人生性内向，极为惮烦应酬待客，平日除了公务，深居简出，从不到别人家串门，通常也没什么客人去他家拜访。一天，门子忽然送进两张名帖，说是有两人投刺请谒。唐参军接了帖子一看，上面写着两个陌生人名，唐参军皱着眉道："这是谁？我不认识，你去问问他们找我干啥。"须臾门子回报，说这两个客人"止求点心饭耳"（求一点用来充饥的食物），是来蹭饭的。唐参军一脸诧异："素不相识到人家蹭饭吃？神经病吗？就说我不在，不便接待。"门子奉命出去回绝，那二客听了，却不肯走，反倒一把推开门子，径自闯了进去。到得堂前，见唐参军赫然在座，道："唐都官果然在家，何以却说不在，拒人千里之外，难道连区区一顿饭都不舍得见惠么？"唐参军讪讪地起身作揖，转头骂门子："贵客上门为何不报！"引二客至外厅就坐，道："两位请宽坐片刻，容某安排酒饭。"说着走到厅外，叫了个仆人近前，悄声道："我看这二人贼头贼脑的不像好东西，你去取柄短剑，藏在食盘之中，端来给我。"少顷，食盘端至，唐参军倏地掏出剑来，暴起挺击，一客反应极快，身形晃动，闪了开去。唐参军脚步一错，剑锋转处，陡然刺中了另外一客。那客人惨声厉啸，化作一头大狐，窜入庭前池中不见了。

第二个故事的"点心饭"，已略具名词性质。作名词时，"点心"又发展出广狭二义。广义指糕饼之类能充饥的食物，涵括主食和糕点，像包子、馒头、粥、大饼均可称"点心"，如《儒林外史》正文开头写薛家集众家长请私塾教师周进吃饭，周进因吃长斋，肉、鱼不入口，于是"厨下捧出汤点来，一大盘实心馒头，一盘油煎的杠子火烧。众人道：'这点心是素的，先生用几个！'周进怕汤不洁净，讨了茶来吃点心。"狭义则单指糕点，进食时间多在餐余，供人略纾饥饿心慌，解馋消闲，《清稗类钞》："米麦所制之物，不以时食者，俗谓之点心。"本章就其狭义指称，略举几样古代糕点及其在今世的昆裔，供君点饥。

〔清〕徐扬《盛世滋生图》局部（糕果铺）

食 · 粔籹、寒具

　　馓子、麻花之类米粉、面粉揉制的油炸点心，起初叫作"粔籹"（jù nǚ）。《楚辞·招魂》："粔籹蜜饵，有餦餭些。"东汉王逸《楚辞章句》："餦餭，饧（同糖）也。言以蜜和米面熬煎作粔籹，搅黍作饵，又有美糖，众味甘美也。"南宋洪兴祖补注："搅黍，一作搅麦，一作揉米。"说的是屈原拿麦芽糖、蜂蜜混合不知是粟粉、面粉还是米粉炸了一锅点心，试图诱惑楚怀王的魂魄前来享用：

　　"麦芽的香气。"

　　"行家啊，尝尝臣炸的粔籹。"

　　"你这个粔籹甜掉牙了。"

　　"是你牙齿不好吧君上。"

　　可惜王逸和洪兴祖的注疏并未交代粔籹的形状，屈原所炸之物，究竟是条状、片状、球状、飞碟状，还是秦昭襄王状？不大清楚。所以我们"演播室"请到了观众朋友们非常熟悉的贾思勰"贾指导"，来给我们做一下介绍。贾思勰《齐民要术》：

> 　　"膏环，一名粔籹。用秫稻米屑，水、蜜溲之，强泽如汤饼面。手搦团，可长八寸许，屈令两头相就，膏油煮之。"

　　这段文字讲的是南北朝一种名为"膏环"的食物，主料为糯米（秫稻米）面，用水及蜂蜜和面，捏成20多厘米的细长条，首尾对接，扭作环形，下锅油炸。"贾指导"特别指出，古人说的粔籹正是此物。审其制法形状，分明便是后世的馓子、麻花。秦汉时期的儿童启蒙识字读本《仓颉篇》也说："粔籹，饼饵也，江南呼为'膏环'。"朱熹《楚辞集注》敲钉钻脚，确认道："粔籹，环饼也，吴谓之'膏环'，亦谓之'寒具'，以蜜和米面煎熬作之。"

　　朱熹这句话，又提到了一个概念——"寒具"。寒具是中古以后世人对馓子、麻花之类点心的别称。而在两周秦汉，寒具的范畴原本广得多。寒具的字面意思是"凉的小食"，《周礼》所称"朝事之笾"，用的就是寒具。东汉郑玄《周礼注疏》：

"朝事，谓清朝未食，先进寒具口实之笾。"天子早上起来，用餐之前，先以寒具祭宗庙，所用的寒具包括"麷、蕡、白、黑、形盐、膴、鲍鱼、鱐"。麷（fēng），指炒（烘）麦粒，蕡（fén）是干炒大麻籽，白是油煎米饭，黑指油煎黍米，形盐是压铸成虎形的大盐块，膴（hū）是大块的鱼、肉，鲍鱼指咸鱼，鱐（sù）是鱼干。这堆乱七八糟的东西统称寒具，其中有主食，有调味品，有小吃，显然超越了馓子麻花"油炸米面点心"的范畴，也超越了现代概念的"零食"范畴，只能说是"小食"。

〔清〕金廷标《莲塘纳凉图》，画中场景正应了杜甫的诗句"公子调冰水，佳人雪藕丝"

至晚到魏晋，寒具的词义缩小，变成了粗粝、馓子的同义词，指"油炸米面点心"。南朝宋檀道鸾《续晋阳秋》记，东晋末年的大反派桓玄府中多藏书画，客人上门，桓玄喜欢拿出来显摆显摆。桓府饷客，起初总会准备很多寒具，有的客人吃完，沾了满手的油、糖，也不洗，也不擦，毛手毛脚地便去摸画，抹了一画的油污指印，不知多少绝世珍品就这么给糟蹋了。桓玄拿出一幅画被糟蹋一幅，拿出一幅糟蹋一幅，气到自闭，又没法发作——谁叫你先请人吃油炸点心，又请人赏画来着？再后来桓府管待客人，便不用寒具了。

> "桓玄尝盛陈法书名画，其客观之。客有食寒具，不擢手而执书画，因有污，玄不择。自是会客不设寒具。" [1]

不晓得桓玄为何不给客人准备筷子，又或者准备了而客人不用。其实当时体面人优雅地享用寒具是用筷子的，南朝宋刘敬叔《异苑》：

> "永初中，张骥于都丧亡。司马茂之往哭，见骥凭几而坐，以箸刺粗粝食之。"

张骥虽然死了，鬼魂却依然保持优雅，端坐几前，手持筷子斯斯文文地进食可能是用作祭品的馓子。他的朋友司马茂之大老远跑去哭唁，涕泗滂沱，嚎啕奔进灵堂，见得此情此景，脑瓜子嗡嗡的，一脸愕然。

刘禹锡（一说苏轼）有诗赞寒具云：

> 纤手搓来玉数寻，碧油煎出嫩黄深。
> 夜来春睡无轻重，压匾佳人缠臂金。

"缠臂金"谓形如臂钏，可知所谓寒具，确为馓子、麻花一类。不过唐宋之世，寒具、粔籹之称已基本淡出了俗语视野，许多人提到寒具，懵然不知其为何物，李绰《尚书故实》中说："晋书中有饮食名'寒具'者，亦无注解处。后于《齐民要术》并《食经》中检得，是今所谓'糫饼'。"知唐人称馓子、麻花为"糫饼"。李绰曾任膳部郎中，专掌陵庙祭品、诸王以下常食及外宾食料供给，算是帝国顶级饮食专家，连他都不识，可见民间已绝少使用"寒具"一词。

北宋陶谷《清异录》保留着一份"烧尾食单"，是唐中宗朝宰相韦巨源受命掌揆之初，为感谢皇上提拔之恩，请皇上吃饭的御宴菜单。菜单所列的第三道食物就是馓子，时称"巨胜奴"，陶谷批注："酥蜜寒具。""巨胜"即芝麻，结合陶谷的批注，推测这道食物当为蜂蜜、酥油和面炸制，裹黑芝麻的馓子，酥香松脆，大嚼之声"惊动十里人"。好家伙，李显"吭哧"一口，方圆十里之内，行旅驻马，农夫罢锄，望向声音的来处，口水不争气地从每个人的眼角流了下来；小孩嗷的一声，蹙起小脸，一齐馋哭。南宋林洪《山家清供》简述制法：

> "闽人会姻名煎餺，以糯粉和面油煎，沃以糖食之，不濯手，则能污物，且可留月余。"

谓闽地习俗，到婿家做客，或招呼娇客，皆用寒具。糯米粉和面油炸，浇糖即成，留月余不坏。林洪语焉不详，工艺细节没有交代清楚，比如说糖，不知是用糖粉还是糖浆，成品的形状又如何。仅就其描述，似乎又不大像馓子，倒令人想起江米条或者福建的寸枣。

到了明代，松江人宋诩写了一本"妈妈做的菜"，收入《宋氏养生部》，才终于详详细细、明明白白地把制法讲清楚：

> "用油、水同盐少许和面，揉匀，切如棋子形，以油润浴，中开一穴，通，两手搓作细条，缠络数周。取芦竹两茎，贯内，置沸油中，或折之、或纽之，煎燥熟。亦有和赤砂糖者以蜜者。"

水、油和少许盐（或红糖加蜂蜜）和面，揉匀。醒发半个时辰左右，断为大块的面剂（面剂大小关系到每一盘馓子的长度），揉成围棋子之形，两面润油。面剂中央通开一孔，插手入内，搦、搓成细条，一圈一圈缠在手上，进一步拉细。一定要注意控制力度，不要拉断。取芦苇杆、细竹棍或筷子两根，绷住面环两端，没入滚油，或对折，或扭花，炸熟即成。

《宋氏养生部》记载的工艺，与现代尤其北方农村炸馓子的操作几乎完全一致。换句话说，馓子在我们口腔中留下的口感和味道，基本上与四百年前明朝人的体验无异。数百年来未曾进化的馓子，连通了古今味觉神经。这里推荐给要穿越回明朝的读者，假如抵达后饮食不习惯，不妨买些馓子适应一下呢。

〔明〕戴进《太平乐事》局部

食 ·糗饵、粉糍

《周礼》："笾人，掌四笾之实……羞笾之实，糗饵、粉糍。"

这句话提到的几个概念，稍微解释一下。首先是"笾"（biān），笾是一种容器，用来在祭祀、宴会时盛放果实、干肉之类的小食，像前文的炒麦、炒大麻、大盐块，都是盛在笾里的。

"羞"与"膳"相对，是"馐"的通假字。《周礼》："凡王之馈，食用六谷，膳用六牲，饮用六清，羞用百二十品。"这句话概括了周天子的饮食，主食来自六谷，饮料有六种，"膳"是马、牛、羊、猪、狗、鸡肉，通常不加调味（周代祭礼，高级祭品多不调味，如大羹、玄酒，旨在把质朴之物交予神明），所以需要蘸酱吃；"羞"的种类就多了，有一百二十种，包括调味而烹的菜肴、糕点、水果，基本上好吃的东西都在这里面，是故后世谓美食为"珍馐"。羞又分"膳羞""好羞""内羞"等几个大类，膳羞指正餐的菜肴，好羞是进献先祖的顶级食物，诸如"荆州之鳡鱼，青州之蟹胥"。内羞是供给王、后、世子的点心，其中盛放于笾中的内羞，便是糗饵、粉糍。

东汉经学大师郑玄为我们还原了糗饵、粉糍的做法：

> "玄谓此二物皆粉稻米、黍米所为也。合蒸曰饵，饼之曰餈。糗者，捣粉熬大豆，为饵餈之黏着，以粉之耳。"[2]

稻米、黍米磨筛成细粉，加水，搅匀，搓细，至手握成团、轻压即散的程度，上甑蒸熟，这就是"饵"。《说文解字》："糕，饵属。"言糕为饵之一种。饵的做法也确与后世桂花糕等糕点相仿，其工艺关键是米粉加水搅拌后，不可如蒸馒头般揉团，而是保持松散状态直接蒸熟，明末才子李渔所谓"糕贵乎松，饼利于薄"者是也。

糍就是糍粑，关键工艺跟饵刚好相反。郑玄说"饼之曰糍"。"饼"在此处作动词，参考今天的手打糍粑，那是要抡开大锤，猛夯狠砸，反复舂捣，砸得稀黏。做饵连一指头都不敢轻加，做糍唯恐打得轻了，打个比方，就像下面所说："要像呵护婴孩的皮肤般做饵，像摧毁仇敌的脑瓜子般搞糍。"当然，还有一种懒人法，米粉注水调成糊蒸熟，同样可以得到黏糯的糍粑。至于周天子的糕点师"笾人"用的是懒人法还是猛男法，史料漫灭，已不可考。

炒熟（先秦炒法不成熟，周人用的是油煎）的黄豆磨粉，叫作"糗"，撒在饵上，就是"糗饵"，裹黏于糍，即成"粉糍"。若将糗饵之糗换作糖桂花，庶几便是现代的桂花糕，"月在东厢，酒与繁华一色黄"。粉糍也同样留下了声名显赫的后裔——它的脉络传承了两千多年，今天的"驴打滚"，正是周天子手畔古老糕点的进化之形。

食·枣糕

东汉崔寔《四民月令》："齐人呼寒食为冷节，以面为蒸饼样，团枣附之，名曰枣糕。"大枣囫囵或切碎，与面同和，蒸作馒头之状，便是汉代的枣糕。

枣糕本是齐地寒食节专属节物。寒食习俗禁火，称为"龙忌"。历史上部分时期，官方极为重视寒食，会派人到民间巡视督察，严禁百姓用火，不许生火做饭，晚上也不许点灯，所谓"普天皆灭焰，匝地尽藏烟"，所以寒食期间，百姓只能吃冷食。而寒食之期，短则一天，长则一月，如东汉太原，《后汉书》："太原一郡，旧俗以介子推焚骸，有龙忌之禁。至其亡月，咸言神灵不乐举火，由是士民每冬中辄一月寒食，莫敢烟爨，老小不堪，岁多死者。"长达一个月禁断烟火，百姓绝炊，至有老弱不能耐受冷食而病死者。即便青壮年，若事先未储备足够的食物，亦不免饥馁枵羸。枣糕的出现，多多少少纾解了寒食之困：早春时节，天气乍暖还寒，北方面食贮藏妥当，可日久不坏，有条件的家庭，不妨多准备些；馒头纳入红枣，口感改善，健脾开胃，补中益气，童叟皆宜，妈妈再也不用担心孩子寒食时吃不下饭了。

民间传说，寒食节禁火寒食，是为纪念拒绝了晋文公重耳的"工作邀请"而被烧死的介子推。广大上班人纷纷表示，重耳这种老板真不是东西，为了逼离职员工回来工作，居然放火烧人家小区，于是发起了"熄火十二时辰"活动，支持"说不回去上班，死也不会回去"的狷介斗士介子推。因此民间又称枣糕为"子推饼""子推燕""枣餬（糊）飞燕"。北宋高承《事物纪原》："故俗，每寒食前一日，谓之炊熟，则以面为蒸饼样，团枣附之，名为子推，穿以柳条，插户牖间。"是说宋人习俗，寒食前一天蒸枣糕，蒸熟了拿柳枝串起来，挂在门窗上。孟元老《东京梦华录》也说："寒食前一日谓之'炊熟'，用面造枣餬飞燕，柳条串之，插于门楣，谓之'子推燕'。"

食·饐

汉魏之前，中国鲜见蔗糖，彼时所食者，唯米、麦熬制的饴、饧，以及蜂蜜而已。这些甜味食材质地较软，遇水黏稠，宜乎糕点成型后浇淋润浸，不宜在和面阶段加入。当然，饐（yè）是一个例外，饐是一种糯米枣栗蒸糕，可能属于粽子的衍生食物。《齐民要术》：

"用秫稻米末，绢罗，水、蜜溲之，如强汤饼面。手搦之，令长尺余，广二寸余。四破，以枣、栗肉上下著之遍，与油涂竹箬裹之，烂蒸。"

意即糯米磨粉，绢网筛细，注入水、蜂蜜拌和，软硬参考汤面的面团标准，搓为长约25厘米、直径5厘米的条状，多嵌枣肉、栗肉，均匀涂油，以箬叶封裹蒸熟。

〔清〕徐扬《端阳故事图册·裹角黍》

食·煮糆

煮糆（miàn，原作"糗"，后者为糆的异体字）见载于《齐民要术》，原文繁琐，且多脱文，不具。煮糆约略算是一种咸味的米糊。沸水冲开米屑，滤去渣滓，用特殊器具搅打出丰富的泡沫，这叫作"勃"。另取精米熬制米汤，叫作"白饮"。将一部分勃和白饮混合，加盐同煮，煮好浇落在半小杯蒸熟的米饭上，再堆以泡沫状的"勃"，即成。

清甜的米浆，散散地浸着半瓯精米，上浮厚厚一层泡沫，宛若幽谷石泉，云水空濛，品位满满，当时人吃这玩意儿，大概相当于后人喝奶盖茶。不过气质总被雨打风吹去，一千五百年后再回顾这道轻奢小食，很难不让人满头问号，没有食欲。

食·䭔

䭔（duī）的出现，不晚于南北朝时期，当时䭔是馒头（蒸饼）的别称，南朝梁顾野王编撰的字典《玉篇》中说："蜀人呼蒸饼为䭔。"

到了隋唐，不知为啥，它忽然不想当馒头了，改头换面，变成了油炸糯米团子。"䭔"字生僻，世人大多不识，于是在流传过程中，讹变为"堆"字，又因该食物是油煎而成，故称为煎堆，也叫麻圆、麻球、麻团。

在唐代的上流社会，䭔是广受欢迎的点心。卢言《卢氏杂说》中记有一个故事，细致地敷述了䭔的做法：

那是唐懿宗在位的时候，有个姓冯的给事中到中书省面见宰相，汇报公务。到得中书门前，见一个穿绯色官袍的老者，正踧踖地站在那里，等候通报。唐制，四品、五品官员着绯色，冯给事看那老者的服色，乃是正五品，跟自己品阶相若，却不知在哪个衙门供职。盖衙门有闲有要，同样是五品官，闲曹冷局出来的，自然比不了他这手握封驳实权的给事中。门吏看人下菜，权要来谒，优先通报，若是闲官，要么押后，要么干脆不报。瞧那老者模样，似乎已在此地等了很久，但宰相日理万机，没空见他，也莫可奈何。

冯给事无暇细思，匆匆入省。那时夏侯孜居揆为相，留他坐谈，直谈至黄昏方罢。冯给事拜辞出来，一眼看见晚照之下，那老者兀自垂手立在阶下，神色已颇为困顿，冯给事心中叹息，打发随从上前通问。老者趋前作揖道："某是新任尚食局令，有事求见相国，因在此恭候。"冯给事道："你这样等下去不是办法，相公每日繁忙，不知几时才有空见你。这样罢，我来替你通传一声，看看相公意思如何。"老者大喜，冯给事随即交代门吏进去通报，门吏不敢违拗，少顷回转，说道："相国召见。"带了老者进去。不一刻，老者便神采飞扬地出来了，快步走到冯给事马前，称谢道："若非给事恩遇，某何以得相国传见。敢问给事尊宅何处？某原是尚食局包子手，若蒙不弃，愿敬造高斋，略献薄艺，馈谢给事恩情。"冯给事吓了一跳，堂堂尚食局一把手，掌供皇上御膳的尚食令，居然要到他家替他做饭，这事说起来虽然很有面子，但身为人臣，怎好僭越？因道："举手之劳，何足挂齿。"那老者再三恳请，一定要表示表示，冯给事拒却不过，只得道："寒舍在亲仁坊。"老者道："给事何时在家？"冯给事道："来日奉候便了，不知舍下需准备些什么东西？"老者道："烦请预备大台盘一只，木楔子三五十枚，油铛一口，上好的麻油一二斗，南枣、烂面少许。"冯给事一一记下，告辞分别。

冯给事平时精于饮馔，起居讲究，家里一应炊具、食料都是现成的，回家便吩咐取出备好。到得次日，早早开了大门，迎候那尚食老者，家眷也都垂下帘子，聚在后面观看。卯牌时分，只听得冯给事在外大声寒暄，须臾引了老者上厅，作揖坐下，小厮端上茶食，老者吃了一瓯，便丢下道："吃这个作甚，待某为给事调鼎。"起身出厅，解卸长衫，脱靴去冠，只戴一顶小帽，青半臂，三幅布裤，取了条极其鲜艳的花色围裙在腰上一系，套一副锦彩皮套袖，手撑台盘，绕步察看，但见有不平处，随手取木楔子填平。接着生火熬油和面，从自带的口袋中取一口小盒、一柄笊篱、一把篦子，皆是白银打就，晨曦之下，银光四射，耀眼生花。已而油热，老者打开小盒，挑些豆馅儿裹在面中。左手抓握面团，指隙间挤出面来，右手持篦疾刮，一颗颗小小的面剂骤雨般落入油铛。略略炸过，笊篱捞起在新汲的井水里冷浸片刻，复投入油铛，三五沸后沥油而出，抛在台盘之上，一个个圆不隆咚的膨化团子到处乱滚，旋转不定。其口感酥脆，不可名状。

这位尚食令煎䭔之法，虽与今人炸煎堆不尽相同，不过雏形已具，炸出来的东西既圆而脆。以煎堆圆滚滚的软萌卖相，酥糯兼具且不失韧性的神奇质地，千年后的今天尚且有大批拥趸，千年之前在点心界何等地位，不难想象。

䭔在唐代东渡日本，平安时代被列入"八大唐果子"（梅枝、桃枝、醋糊、桂心、黏脐、毕罗、䭔子、团喜）之列，点缀茶席，竹下紫茗，尘心尽洗。唐代的䭔，多半内藏锦绣——是带馅儿的。前文说到唐朝宰相韦巨源请唐中宗吃饭，席间除巨胜奴外，还有多种点心。其中一样叫作"金栗平䭔"，古注"鱼子"，大概是以板栗为馅儿，炸熟拍平铺以鱼子而食；或以鱼子为馅儿，"金栗"是一种头饰，与桂花同义，言其造型似桂花；又或像现代煎堆裹生芝麻一般，沾满栗肉炸成。一样叫作"火焰盏口䭔"，可能是将䭔的顶端打开，圈口撕作火焰之状。

历史上，䭔曾试图混入元宵阵营，挤进元宵节凑热闹，白白软软的元宵们看着巨大的煎堆蜂拥逼近一脸惊恐："你不要过来啊！"文献间或记载了上元日（元宵节）食䭔的习俗。北宋陶谷《清异录》说，洛阳阊阖门外有家食谱，人称"张手美家"，平时卖些水产及时新果蔬，每到节日，则百货下架，专卖一种特色食物，比如寒食卖"冬凌粥"，端午供"如意圆"，七夕卖的是以佛陀嫡子罗睺罗命名的"罗睺罗饭"，而元宵节卖的"油画明珠"，很可能就是䭔的一种。南宋陈元靓《岁时广记》引《岁时杂记》：

"京师上元节食焦䭔，最盛且久。又大者名柏头焦䭔。凡卖䭔必鸣鼓，谓之䭔鼓。"

孟元老《东京梦华录》：

"（上元灯节）唯焦䭔以竹架子出青伞上，装缀梅红缕金小灯笼子，架子前后亦设灯笼，敲鼓应拍，团团转走，谓之'打旋罗'，街巷处处有之。"

宋代小贩把馓连成串儿挂在青罗伞上，与成串儿的小灯笼相间成趣，转动伞子，灯光与香气甩得飞起，路人瞧着好玩，忍不住驻足光顾。到了元朝，小贩失去了转伞子的兴致，直接找棵树一挂了事，熊梦祥《析津志》："（正月）十六日名烧灯节，市人以柳条挂焦馓于（树）上叫卖之。"

明代宋诩的《宋氏养生部》明确了馓的原料为糯米粉："用碓细白糯米粉，汤溲之，锁以糖蜜豆沙为小馓，油中煎熟。"

清代的南方，馓仍然在春节和元宵节期间徘徊，属于半个节令食物。顾禄《清嘉录》说苏州人元宵节做元宵之余，也会顺便煎馓："上元，市人簸米粉为丸，曰圆子。用粉下酵，裹馅，制如饼式，油煎，曰油馓，为居民祀神、享先节物。"屈大均《广东新语》："广州之俗，岁终以烈火爆开糯谷，名曰炮谷，以为煎堆心馅。煎堆者，以糯粉为大小圆，入油煎之，以祀先及馈亲友者也。"时至今日，年节之际，广东人还会说"年晚煎堆，人有我有""煎堆辘辘，金银满屋"。看着圆头圆脑的煎堆如珠宝般堆满盘子，人们心中安恬，一年辛劳，到此收尾，企盼诸事圆满，阖家团圆。

🍴 · 巧果

七月初七变为象征爱情的七夕节以前，原本是"女性能力提升日"的乞巧节。在这一天，女孩子们仰望夜空银河，虔诚祝祷，立下志愿，表示未来要提高自己的织造技术，请求织女姐姐打开升级界面，给自己加一点敏捷属性。

从前乞巧节流行的许多喜闻乐见的习俗，随着节日属性的变化而消失了。比方说，唐代乞巧节这天，女孩子们会被要求徒手捉蜘蛛。

是的，捉蜘蛛。

为啥呢？因为蜘蛛会织网，被视作织女的使者。七夕这天，女孩子们开开心心捉到蜘蛛，放在小盒子里养着，第二天凑在一起打开来看，谁盒子里的蛛网多，说明谁得到织女姐姐的眷顾就多。倘因为胆小而不敢捉蜘蛛，第二天姐妹们开盒攀比之时，就不免受人白眼，被人嘲笑。设或该风俗遗留到现在，每逢七夕，满大街可能都是摆地摊卖蜘蛛的，跟平安夜卖苹果一样。男孩子会网购蜘蛛送给心仪的姑娘，女孩子高高兴兴地拆开包裹，里面密密麻麻爬出一大群蜘蛛。《开元天宝遗事》：

> "帝与贵妃，每至七月七日夜，在华清宫游宴。时宫女辈陈瓜花酒馔，列于庭中，求恩于牵牛、织女星也。又各捉蜘蛛于小合中，至晓开视，蛛网稀密，以为得巧之候。密者言巧多，稀者言巧少。民间亦效之。"

乞巧节这天的标配食物，叫作"乞巧果子"，省称"巧果"。北宋庞元英《文昌杂录》中记载："唐岁时节物……七月七日则有金针织女台、乞巧果子。"

巧果是面粉或糯米粉混合糖、蜂蜜的油炸点心，面粉做的叫"面巧"，糯米粉做的叫"粉巧"。乞巧节是女孩子的节日，作为节日食物的巧果造型亦颇为可爱讨喜，要么做成憨态可掬的笑脸，要么仿照方胜之形，精巧繁复。

孟元老《东京梦华录》："七月七夕……以油面糖蜜造为笑靥儿，谓之'果食'，花样奇巧百端，如捻香、方胜之类。"

清代顾禄《清嘉录》："七夕前，市上已卖巧果，有以面白和糖，绾作苎结之形，油氽令脆者，俗呼为'苎结'。至是，或偕花果、陈香蜡于庭或露台之上，礼拜双星以乞巧。"

所谓"方胜之形"，为两个菱形相交。民国《清稗类钞》状巧果则谓"以粉条作花胜形"，花胜就是"华胜"，是一种雍容精雅的女子头饰。不论笑脸、方胜，还是华胜，综合来看，巧果形状好像并无定规，只要是在七夕这天炸制的糖面点心，皆可呼为巧果，哪怕你炸的是张饺子皮，你说它是巧果，谁又能反对？其实形状什么的都是浮云，重要的是恋人幸福甜蜜，女子祈愿得偿。

〔清〕袁耀《七夕图》

食 · 见风消

见风消也是韦巨源侍奉唐中宗李显的烧尾宴点心之一，原文语焉不详，就辞索义，或指一种极为酥脆、风吹即化的薄饼。明人笔记《易牙遗意》收载一则"风消饼"，字里行间，略可体味唐中宗筵前秘制点心的味道：

> "用糯米二升，捣极细为粉，作四分。一分作馂，一分和水作饼煮熟，和见在二分粉一小盏、蜜半盏、正发酒醅两块、白糖同顿，溶开，与粉饼捍作春饼样薄皮，破不妨，熬盘上煿过，勿令焦。挂当风处，遇用，量多少入猪油中炸之，炸时用箸拨动。另用白糖炒面拌和得所，生麻布擦细，掺饼上。"

原材料是糯米粉、蜂蜜、酒醅（固态发酵法酿造白酒时，窖内正在发酵或已发酵好的粮食）、白饧（麦芽糖）。诸物和匀，擀至极薄，先烙后炸，撒糖霜米屑，轻白如云。

《宋氏养生部》的风消糖，虽号为糖，其实一样：

> "白糯米五升为率，磨细粉，先取多半杂糖水或饧，溲为厚饼。每饭中通一穴，入豆萁灰淋，水中煮过熟。漉起后，以少半生粉渐揉和带稍坚，擀薄小饼，暴之使燥，置沸油内，以箸挟其缘聚而取之。用糖炒面掺。"

清代，江南人演"消"为"枵"。《随园食单》中谈道：

> "以白粉浸透，制小片，入猪油灼之，起锅时加糖掺之，色白如霜，上口而化，杭人号曰'风枵'。"

此当是今苏州、湖州一带"风枵茶"之滥觞。苏湖人说的风枵，实为糯米锅巴，纤薄如纸，正与明代笔记所载之物相仿。今人以之泡茶，已不求其脆，风枵折落碗盏，点入红糖或白糖，热水冲开，香暖柔糯，温甜缥缈，宁帖澹然。湖州人家待客三道茶，首饮风枵，一盏倾尽，忧烦云散，颜开心甜。

食・蓼花糖

蓼花糖以成品形如蓼花而得名，最早见于明代松江人宋诩父子的《宋氏养生部》：

> "蓼花：取芋魁劓去皮，捣糜烂七分，杂白糯米绝细粉三分，复捣一处，为厚饼数十枚，水煮过熟，置器中，调搅甚匀。先将一木板，傅饽在上，擀开，暴半燥，切片段，复暴燥用，又切小颗，同干沙炒肥。或同小石子炒。为后四制。以猪脂熬为油，入煎之，尤肥而松也。"

这是蓼花糖的"芯"，也就是"裹皮"的制法。芋魁刮皮，同极细的糯米粉拌和捣烂成饼，煮熟，擀开，反复晾干，切成小颗，用猪油炸松。接下来，《宋氏养生部》提供了四种外层糖粉配方：

一是"檀香毬"："用白砂糖水煮，加炒熟面，乘热染之，火炙燥。"白砂糖熬化，和入炒面，趁热裹皮一滚，再烤干。

一是"七香毬"："用赤砂糖同炒熟面，和糖香、香油，煮镕染之。"

一是"芝麻毬"："用先染以赤砂糖，后衣以炒熟芝麻。"用的是赤砂糖、炒面和炒熟的芝麻。

一是"薄荷毬"："用薄荷叶扮之，同芝麻毬制。"熟芝麻换成薄荷叶粉，其余同上。

食・浇切

浇切出自明代高濂《遵生八笺》，原本叫作"芰什麻"。清代朱彝尊《食宪鸿秘》中注"南方称之浇切"：

> "糖卤下小锅熬至有丝。先将芝麻去皮晒干，或微炒干，碾成末，随手下在糖内，搅匀和成一处，不稀不稠。案上先洒芝麻末使不沾，乘热泼在案面上，仍着芝麻末使不沾。古卢捶捍开，切象眼块。"

意即糖卤熬至拉丝状态，混合炒干的芝麻，翻拌均匀。案板铺一层厚厚的炒芝麻，将糖卤泼在上面，擀开，切块。

按照高濂所授一路做下来，你会发现，这分明就是今时的芝麻糖。芝麻糖源自何世，不甚了然，高濂大概也是法自前人，比他早生三百多年的明人韩奕在《易牙遗意》中已有所提及，只不过步骤和关键工艺交代得不大清楚：

> "麻糖：芝麻一升、砂糖六两、糖稀二两、炒面四两，更和薄荷末少许，搜摅成剂，切片。凡熬糖，手中试其稠黏有牵丝方好。"

糖稀（麦芽糖）做的芝麻糖口感更酥，韩奕还建议加入少许薄荷末，清凉解腻。

🍲·松黄饼、松黄糕

> 饼杂松黄二月天，盘敲松子早霜寒。
> 山家一物都无弃，狼籍干花最后般。

苏辙表面高冷，实际跟他哥一样，得空就喜欢搜罗美食，他这首《次韵毛君烧松花六绝》，写的是松黄饼，他自己附注道："蜀人以松黄为饼甚美。"

松黄有两指，一指松花，一指松花的黄色花粉。"细雨鱼儿出，微风燕子斜"[3]"时光昼永，气序清和"[4]，山松春花，举杖叩枝，纷纷而落，拂取其粉入面，清香若仙。古人取松黄做点心，起先多是作为馅儿，如《本草纲目》："今人收黄和白沙糖印为饼膏，充果饼食之。"又或直接同糯米粉混合，如《宋氏养生部》所记松黄糕：

> "松黄六升、白糯米绝细粉四升、白砂糖一斤、蜜一斤，少水溲和，复碓之，复筛之，甑中界之，蒸至粉熟为度。"

到晚清、民国时期，今天的浙江名点松花团子浮出纸面。民国初冲斋居士《越乡中馈录》中记有松花麻团：

> "摘松花晒燥，取其粉，细绢筛过。用糯粉裹甜馅为团，或饺，下水放熟。撩起，外松花，清香可口。有因水煮太湿，而先将糯粉调水，入镶柳熟后，裹馅粉者，惟嫌冷耳。"

即糯米粉裹馅为团，如元宵之状，煮熟，捞起，滚松黄粉。若嫌煮出来的团子太湿，沾粉不匀，不妨调换一下顺序。先将糯米粉和水揉团，擀得薄些，蒸熟再揪作小块，捏扁，裹馅儿，搓成团子。这时米团已冷，滚入松黄，薄薄地沾上一层，恰到好处。制成的松花团子表沙里糯，清新婉秀，丝丝甜意，入口便带走心头的哀愁。春日踏青足倦，憩马漱泉，食此物最为相宜。

食·芝麻叶

芝麻叶如今多呼为"排叉""麻叶儿""焦叶子"，是老北方的传统年货。

此物早见于明代中叶成书的《宋氏养生部》。该书作者宋诩世居松江，自道"习知松江之味"，其母朱氏曾随丈夫宦辙在北京长住，留心烹饪，凡遇到朋友眷属善烹调者，辄与交流，学得一身精湛厨艺。宋诩听母亲口授经验，整理记录，成就此书，俨然便是一部"母亲的厨艺"。后来，宋诩之子宋公望克绍箕裘，继承了父亲的工作，也写了一本养生食谱，叫作《宋氏尊生部》，收录了两百多种食物的制作和保藏方法，算是他爹著作的续集。一家三代精于调鼎，别人都是什么"一门三鼎甲，四代六尚书"[5]，他家是"一门三大厨，三代六'吃货'"，真可谓家学渊源，传承有序。

> "芝麻叶：用面同生芝麻，水和，擀开薄，切小条子，中通一道，屈其头于内而伸之，投热油内煎燥。"[6]

食 · 到口酥

清初词宗、大学者朱彝尊写过一本食谱，叫作《食宪鸿秘》，其中有一种名为"到口酥"的点心：

> "酥油十两，化开，倾盆内，入白糖七两，用手擦极匀。白面一斤，和成剂。擀作小薄饼，拖炉微火燠。"

朱彝尊写得不是很清楚，高濂《遵生八笺》则在细节处交代得更为详细：

> "到口酥，用酥油十两、白糖七两、白面一斤。将酥化开倾盆内，入白糖和匀，用手揉擦半个时辰，入面，和作一处，令匀。擀为长条，分为小烧饼，拖炉微微火焊熟，食之。"

酥油十两，面一斤，白糖七两，和面搓成长条，以做千层饼的手法一环一环圈绕成饼，然后烤制。

记得听过一种说法，说当年的到口酥便是后来扬州、镇江一带的"下马酥"。下马酥大概取的是"闻香下马"之意，然而文化程度偏低的市井俚俗不解风情，硬是把"下马"误认为"蛤（虾）蟆"。于是，原本饶有意境的下马酥就变成了蛤蟆酥，该俚称因仍至今，反倒成为约定俗成的正式名称了。

其他糕点如绿豆糕、茯苓糕、玫瑰饼、马蹄卷、云片糕者，古今名称通用，做法也一脉相承；粽子、元宵、重阳糕等，迄今已司空见惯，均不需赘述。至于紫龙糕（隋代谢讽《食经》）、百花糕（唐代刘悚《隋唐嘉话》）、贵妃红（宋代陶谷《清异录》）之类，豹隐尘外，制法不传，难以复原，每深怅憾。

曾几何时，多少声华，都成尘土。谷麦细碾轻抟的糕点，一身弱骨，竟可抵敌历史的激流，百世千载，不败不朽，素心如初。无数次轮回之后，依旧执着地穿越人山人海，皈依你我，种下动人心魄的种子，继续传承。今天我们回首古事，未来亦将有人回望我们，连通时间的道路非止一途，沿途寻索，必能发现食物的脉络。

注释

［1］《太平广记·书四》。

［2］《周礼注疏·卷五》。

［3］〔唐〕杜甫《水槛遣心二首》。

［4］〔宋〕孟元老《东京梦华录·卷八》。

［5］〔清〕吴敬梓《儒林外史》。

［6］〔明〕宋诩《宋氏养生部》。

从超级刺客到诗星之死：吃鱼漫谈

专诸藏身太湖之畔烧鱼，已是第八个年头了。

巷子口的柳叶，青了八次，落了八次，专诸日复一日起早贪黑苦练手艺，八年重复枯燥的习练，让他早已能够将鱼烧得鲜美绝伦，但他食不知味。他在等一个信号，那是他辟居陋巷、默默烧鱼八年的目的。他苦练烧鱼，不是为了品尝、果腹、贩卖，而是为了——杀人。

八年前，专诸遇到了一个名叫伍子胥的男人，两人结为朋友。不久，伍子胥把他引荐给了公子光。

《仪礼》："诸侯之子称公子。"在先秦，"公子"指的是诸侯的儿子，并非什么人都能叫公子。公子光的父亲诸樊、祖父寿梦，都做过吴国国君，而公子光没能继承父祖之位，因此只能是个公子。

公子光的祖父寿梦有四个嫡子：老大诸樊、老二余祭、老三余昧、老四季札。季札最贤，是寿梦的指定接班人，但季札这个人素性清高，对王位毫无兴趣，坚辞不受，寿梦只好传位长子诸樊。诸樊同样爱重季札，因此把亲儿子公子光撇在一旁，传位给了二弟，想用"兄终弟及"的方式，最终让季札上位。诸樊、余祭、余昧三位兄长先后为王，算是为季札打个样子，然而余昧死后，轮到季札即位时，他还是执意不肯，仿佛那王位有刺似的。臣民苦苦相求，逼得急了，季札干脆卷铺盖离家出走。历史上为了争位夺位不择手段的人很多，为了避位逊位不择手段的，百世难得一见。

季札逃了，王位总不能一直空着，吴国高层会议决定拥立先王——四兄弟中老三余眛的儿子，此人名僚，世称"吴王僚"。

吴王僚即位，第一个不服的就是四兄弟中老大诸樊之子公子光。当年诸樊若非为了季札，王位早就传给公子光了，既然现在季札明确表态不愿为王，那么王位应当物归原主，交还给他才是，怎能让僚即位？而僚也毫无父辈推位让国的风度，让他即位他便即位，完全没有交还给公子光的意思。

既然你不肯归还，那我只好动手抢了。自僚即位的第一天起，公子光的篡弑计划便悄然展开了。

伍子胥深悉公子光的野心，也非常清楚公子光的计划，所以引荐了专诸给他——专诸正是计划的关键。

在春秋战国时代的游侠刺客身上，大都具有一种品质，"国士遇我，国士报之"，你如何待我，我便如何回报。你待我以恩，我涌泉相报；你待我以仇，我以牙还牙。公子光待专诸极厚，并敬其母，专诸是个孝子，只这一点，已足以使他为公子光效命。《吴越春秋》还记载了两人关于行刺计划的一席对话：

专诸道："公子何不使近臣从容讽谏，陈明先王之命，令吴王明白王位本该归公子所有。动用剑士，流血相残，岂不有负列位先王心愿？"

公子光道："僚那厮贪婪成性，从来只知争权夺利，绝无退让的襟怀。在下是逼不得已，欲求同忧之士，共担大义，合谋大事。眼下唯壮士可以荷此重任。"

专诸道："公子是让我弑君吗？这话说得未免太露骨。"

公子光道："在下绝不敢陷壮士于不义，相反，此举纯然是为了社稷、道义。只恨在下力弱，不能亲手执行，唯有将这条性命托付给壮士。"

专诸默然片刻，道："欲杀人君，需从其所好入手。吴王何好？"

公子光道："好味。"

专诸道："何味所嗜？"

公子光道："最嗜炙鱼。"

从那天起，专诸便卜居太湖，习练炙鱼，三个月掌握烹炙精髓，直到八年后，这道鱼才有机会端到吴王僚面前。

当时，吴王僚的两个弟弟督师伐楚，为楚军所困。亲信、军队皆被隔绝在外，僚的力量出现了前所未有的空虚。于是公子光设宴奉请，准备动手了。

吴王僚未尝不曾察觉公子光的野心，赴宴之时，已部署了极为周密的防护。《史记》："王僚使兵陈自宫至光之家，门户阶陛左右，皆王僚之亲戚也。夹立侍，皆持长铍。"他带了一整支军队来吃这顿饭，兵士从王宫直排入公子光家里，亲信近卫布列门庭，人人手持白刃，只要公子光有所异动，立即将其斩杀护驾。

公子光好像看不见这一切似的，只管言笑晏晏，把酒欢叙。吴王僚见他乖巧服帖，深信他是被自己的护卫阵势镇住了，得意之余，不免有所松懈。酒过三巡，公子光突然抱起脚丫子哼哼唧唧，告罪说脚疾犯了，要入内包扎。吴王僚环顾四周，触目所及，皆是自己的亲卫，谅他公子光再诡计多端，又能搞出什么花样？当下大大方方地应允。公子光转入地下密室，与此同时，专诸手捧炙鱼，呈进吴王之前。

彼时贵族进食，行分餐之制，食者双膝着地，上身挺直，跽坐于地，身下铺有两层坐具，下层的叫"筵"，上层的叫"席"[1]，俎豆酒食，俱置席上。人各一席，看馔则每人一份，上菜之际，侍者与食者距离极近，近到足以行刺。专诸放下那道鱼，探手一撕，从鱼腹中抽出一柄短剑。没有花里胡哨的剑术，只有一剑！当胸平刺，贯穿三层铠甲，透背而出。吴王僚当场身亡，卫士乱刀齐下，将专诸分尸。公子光预先伏下的甲士蜂拥杀出，封锁门户，尽诛吴王亲卫，随即接收政权。公子光自立为王，后来宾服荆楚，威震东南，史称"吴王阖闾"。

专诸苦练八年，献食吴王的，乃是一道炙鱼，也就是烤鱼。鱼腹中能藏入一把匕首，此鱼必非细瘦。要将一尾大鱼烤得外不焦而里嫩，确需下一番苦功。除了"贯之火上也"这种直接架设在炭火上炙烤的方式，当时的烤鱼也有隔物加热的做法。战国早期湖北曾侯乙墓出土过一只双层青铜炉盘，上层盘中留存着一条鲫鱼骨[2]，盘底发现了熏烤痕迹，下层盘内积有木炭。这件炉盘可能就是当时的一种炙鱼炊具。

〔北宋〕刘寀《落花游鱼图》

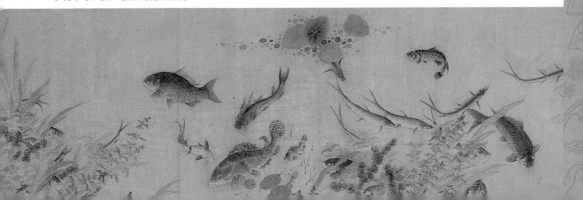

因中国水资源分布使然，就鱼馔而论，无论数量质量，古来皆南胜于北。专诸卜居太湖之滨练习烧鱼，有大把资源供他取用。北方的情况则凄惨一些。北方人口稠密，增长迅速，原本就不富裕的鱼类资源日益短缺，春秋战国时代，北人食鱼之奢侈，不下食肉。孟子将鱼和熊掌相提并论，视之为最顶级的食材。战国四公子之一的孟尝君，门下养士三千，这三千食客，分为三等，待遇不同。末等食则粗粝，出则徒步；次者食有鱼，出行徒步；最高级的人才，则享受食有鱼、出有车的优待[3]。天下有数的大集团中层干部才吃得起鱼，足见画之珍稀。

先秦北人取食淡水鱼，必称鲂、鲤。《诗经·陈风·衡门》：

> 衡门之下，可以栖迟。泌之洋洋，可以乐饥。
> 岂其食鱼，必河之鲂？岂其取妻，必齐之姜？
> 岂其食鱼，必河之鲤？岂其取妻，必宋之子？

〔清〕焦秉贞《孔子圣迹图》命名荣贶

诗中后两段的意思是，吃鱼何必一定要吃鲂鱼、鲤鱼，娶妻何必非得去娶齐姜、宋子那个级别的美女？反过来说，齐姜、宋子是当时男人梦寐以求的女中绝色，鲂鱼、鲤鱼就是老饕垂涎三尺的鱼中极品。当时鲂鱼、鲤鱼之贵重，超乎今人想象。孔夫子喜得麟儿那天，鲁昭公派人送了份贺礼，孔子拆开一看，是条鲤鱼。以孔子的国际地位和影响力，长子出生这么大的喜事，国君居然只送条普普通通的淡水鱼，孔子非但毫不介意，反倒感动得一塌糊涂，当即给儿子取名叫孔鲤，字伯鱼，以纪君恩[4]。国君赐礼，固有其象征意义，而鲤鱼之珍，也确非等闲可致。

好在渔业发展非止捕捞一途，春秋时期，各国已有意识推行池塘养鱼，比如齐国"陂池之鱼，以利贫民"[5]。越国范蠡建言勾践，养鱼资国："臣窃见会稽之山，有鱼池上下二处，水中有三江四渎之流，九溪六谷之广。上池宜于君王，下池宜于民臣。畜鱼三年，其利可以致千万，越国当富盈。"[6]三年盈利千万，可见鱼市生意十分火爆。孟子谈民生，也说："数罟不入洿池，鱼鳖不可胜食也。"话虽如此，可实际情况并不乐观，"不可胜食"的盛况绝少出现，北方的鱼还是远不够吃。不够吃怎么办？继续扩大养殖规模。养鱼这件事，汉武帝的儿子汉昭帝颇有心得。汉武帝雄才大略，为出兵远征滇国，特意在长安城外，仿照云南滇池的大小，开凿昆明池演习水战。这座京畿水军基地、皇威霸业的象征，传到武帝儿子昭帝手里，却被改成了鱼塘，用来养鱼赚钱了，不晓得武帝泉下有知，该作何感想。《三辅故事》说："武帝作昆明池以习水战，后昭帝小，不能复征讨，于池中养鱼以给诸陵祠，余付长安市，鱼乃贱。"大量鱼鲜涌入长安市场，鱼价暴跌，这才算实现了孟子"鱼鳖不可胜食"的愿景。

那时的鱼行又称鱼肆，没有冷藏技术，鱼肆囤积的水产保藏，主要依赖食盐腌渍。盐很可能是人类发现的第一种抑菌物质，当食品中的盐浓度达到10%～15%时，大部分微生物的活动会被抑制。可惜古时盐价不菲，鱼肆多半做不到足量使用，原该用一斤盐的，只用八两，鱼货不免发臭，因此鱼肆周遭往往腥臭逼人。有句话这样写道："与善人居，如入芝兰之室，久而自芳也；与恶人居，如入鲍鱼之肆，久而自臭也。"[7]联想到北欧著名"黑暗料理"鲱鱼罐头那足以替代催吐剂的臭气，出入鱼肆买鱼的顾客恐怕全程掩鼻，也不免被熏得头昏脑涨。公元前210年，秦始皇东巡途中龙驭上宾，丞相李斯担心天下生变，秘不发丧，"棺载辒辌车中"。时值盛夏，尸身很快腐败，为遮掩尸臭，李斯征调了一百多斤咸鱼（鲍鱼）置于车中，"以乱其臭"[8]。连尸臭都可盖过，鱼肆的气味可想而知。

历经百年发展，至迟到魏晋时代，通都大邑建成了专业鱼市。《洛阳伽蓝记》：

"别立市于洛水南，号曰四通市，民间谓永桥市。伊、洛之鱼，多于此卖，士庶须脍，皆诣取之。鱼味甚美，京师语曰：'洛鲤伊鲂，贵于牛羊。'"

"城南归正里，民间号为'吴人坊'，南来投化者多居其内。近伊洛二水，任其习御。里三千余家，自立巷市。所卖口味，尽是水族，时人谓为鱼鳖市也。"

市场兴起，原因有二，要么从地利，要么就人和。四通市地近洛水，便于捕捞运输；吴人坊则开设在南方人聚居的小区之旁，南人饭稻羹鱼，鱼类消费量大，小区附近自然而然便形成了鱼市。

鱼馔烹法，不出脍、鲊、炙、煎、脯、酱、羹、蒸。烤鱼之法，六朝以前的传世文献绝少披露，幸而北魏贾思勰的《齐民要术》保留了若干详尽教程，后人大可据之推想古时滋味，甚至走进厨房自行复制一千五百年前的珍馐：

> "炙鱼，用小鯶、白鱼最胜。浑用。鳞治，刀细谨。无小，用大为方寸准，不谨。姜、橘、椒、葱、胡芹、小蒜、苏、欓，细切段，盐、豉、酢，和以渍鱼。可经宿。炙时以杂香菜汁灌之。燥复与之，熟而止。色赤则好。双奠，不惟用一。"

选用鯶鱼或白鱼，大鱼切片，小鱼整条，用姜、橘皮、花椒、葱、紫苏、茱萸、胡芹、小蒜、盐、豉酱、醋等调汁，花上一整宿工夫腌渍入味。翌日向火，不断浇淋香菜汁，烤至焦红色。烤鱼浇香菜汁，在现在"反香菜派"的眼里，简直"大逆不道"，但其实古人说的香菜，并非特指现代俗称"香菜"的伞形科芫荽，而是泛指富有芳香气的可食用植物，比如藿香。藿香汁液，去腥提鲜，为烤鱼增添了一种奇异风味。豆豉扮演的角色与现代的酱油相当，《齐民要术》记载的"酿炙白鱼"，即取豆豉汁生香着色：

> "白鱼长二尺，净治，勿破腹。洗之竟，破背，以盐之。取肥子鸭一头，洗治，去骨，细锉；酢一升，瓜菹五合，鱼酱汁三合，姜、橘各一合，葱二合，豉汁一合，和，炙之令熟。合取从背、入着腹中，弗之。如常炙鱼法，微火炙半熟，复以少苦酒、杂鱼酱、豉汁，更刷鱼上，便成。"

"酿菜"是中餐烹饪江湖的一门奇功，中国人的哲学讲究涵养，所谓"内秀"，涵之于内，养乎其中。这个道理施诸烹饪领域，精华藏敛，易于锁住味道；内有乾坤，则创造出视觉和味觉的双重惊喜。主食方面，包子、饺子是内秀的践行者，而看馔的代表就是酿菜了。酿菜所用胚料——也就是作为容器的食材，可以是禽类，如整只鸡、鸭、鹅、鸽子；可以是畜类内脏，如肚、肠；可以是水果，像"蟹酿橙"

的橙子、"八宝酿梨"的梨子；可以是豆腐；可以是蔬菜，茄子和青椒就经常被塞进一堆乱七八糟的东西烤炸煎蒸；当然也可以是鱼。《齐民要术》推荐的酿炙白鱼，不开膛，而是开背，除去脏腑，内外抹盐略腌。肥鸭去骨剁成肉丁，加醋、瓜菹、鱼酱、姜、橘皮、葱、豆豉汁，炒熟，填充鱼腔，文火烤至半熟，刷一遍醋和鱼酱、豆豉汁烤熟。白鱼肉质细嫩，易于入味，腹中馅料的味道被炭火逼出，表里夹攻，彻底浸润，造就令人欲罢不能的鲜香。

煎炸之法，极为古老。最早的煎却不是油煎，而是像煎茶、煎药，以收汁为目的，故称"煎熬"。《齐民要术》有一道"蜜纯煎鱼"，明确使用动物膏油，无疑是货真价实的油煎鱼，不过彼时铁锅暂未普及，炊具壁厚，很难煎出现代厨房的味道，所谓煎，其实还是"熬熟"：

> "用鲫鱼，治腹中，不鳞。苦酒、蜜中半，和盐渍鱼，一炊久，漉出。膏油熬之，令赤。浑莫焉。"

"苦酒"为醋之别名，这道菜蜜醋合璧，味作酸甜。鲫鱼去内脏，不刮鳞，浸到蜜、醋各半，加盐调配的味汁里。一顿饭后，取出沥干，慢慢煎到两面焦红。

煎鱼用蜜不用糖，是时代的无奈，在唐太宗派人赴天竺引进优化的蔗糖熬炼技术之前，中国的甜食大抵取自饴糖（麦芽糖）和蜂蜜。蜂蜜作用至广，增味以外，亦可保鲜，用蜂蜜保鲜的工艺称为"蜜渍"。南北朝时代世传一道"蜜渍逐夷"，为天子钟情的名菜，南朝宋明帝刘彧嗜食此物，一顿要吃几大碗，胃都塞满了，兀自口不忍释，以致胸腹痞胀，差点活活撑死。御医、宫人们忙活半天，连灌数桶醋酒，才给他消下去。《南齐书》：

> "（宋明）帝素能食，尤好逐夷，以银钵盛蜜渍之，一食数钵。谓扬州刺史王景文曰：'此是奇味，卿颇足不？'景文曰：'臣凤好此物，贫素致之甚难。'帝甚悦。食逐夷积多，胸腹痞胀，气将绝，左右启饮数升酢酒，乃消。"

宋明帝体肥贪食，遇到蜜渍逐夷，就仿佛遇到了冥冥中的另一半灵魂，完全停不下来，连召见臣工的当儿都在捧碗狂吃。有一回扬州刺史奏事，明帝把碗一伸，还做起了推广："朕跟你说，这东西可好吃了，你以前吃过没有？"刺史哪敢掠皇帝之美，回禀说："臣一向也喜欢这个，只是家里穷，吃不起。"宋明帝听了"甚悦"，嘉许他奏对得体，处官清廉。

《齐民要术》指出，"逐夷"就是鱼肠酱，这个古怪的名字据说得自汉武帝。大约在汉武帝东巡期间，追杀夷人，追至海边，闻到一股扑鼻奇香。汉武帝登时忘了追敌，派人到处找这香气的来源。找来找去，死活找不到，最后捉住个渔人盘问，渔人说香气来自埋在土坑

〔北宋〕佚名《藻鱼图》

中的鱼肠。汉武帝挖出一尝，果然极其美味，因是追逐夷人时所得，故名"逐夷"。

该食物的起源还有另一个传说，背景时代更早，要追溯到专诸的老板吴王阖闾时期。据说阖闾得位第十年，东夷来侵，阖闾率军亲征，夷人大败，遁海而逃。吴军衔尾穷追，追到一座岛上，夷人已扎好营寨，背水死战，吴军一时不能取胜，双方进入相持阶段。那时正逢雨季，风大浪高，双方的补给线都中断了，只好捕鱼为粮。但海况太差，捕鱼作业很不顺利，眼看全军都要困死在孤岛上，阖闾心焦如焚，亲自乘船闯入风浪，向海神拜祷。他不眠不休，祈告了一天一夜，第二天早上，风浪悉平，走上船头一看，但见朝霞相接的海面上，一大片粲然金色随潮涌来，绕着阖闾的座船团团环游。军士下网捞起，尽是金鳞灿灿的小鱼，味极鲜美，不知其名，因见其脑中有骨如白石，号为"石首鱼"。吴军自是士气大涨，而夷人无所果腹，被迫乞降。阖闾用咸水腌制鱼肠，赐与降卒，称之"逐夷"。尔后班师回朝，还剩一批咸鱼没吃完，阖闾赏给群臣，其味之美，世所罕见，于是有人在"美"字之下书一"鱼"，创制了"鲞"字，直到今天，这个字仍为鱼干的专称[9]。

两个传说内容判然有别，但逐夷为鱼肠殆无疑义。《齐民要术》记录做法如下：

> "取石首鱼、鲛鱼、鲻鱼三种肠、肚、胞，齐净洗，空着白盐，令小倚咸，内器中，密封，置日中。夏二十日，春秋五十日，冬百日，乃好。熟食时下姜、酢等。"

意即将石首鱼、鲨鱼、鲻鱼的鱼肠、鱼肚和鱼鳔洗净放盐，收入容器，密封，摆在太阳地里。夏季二十天、春秋五十天、冬日一百天后开封。一碟老醋，一把姜末，便是吃这腌鱼肠的极佳蘸料。

石首鱼和鲻鱼均属近海鱼类，石首鱼别称极其繁多，如鲸鱼、黄鱼、春来鱼、江鱼、郎君鱼，等等，理也理不清楚。古人判别此鱼的标准，是看鱼头中是否生有发达的耳石，这也是石首鱼"石头脑袋"得名之由，《闽中海错疏》："石首，鲸也，头大尾小，无大小脑中俱有两小石如玉。"著名的大黄鱼（俗称"黄花鱼"）、小黄鱼都属于石首鱼科，中国四大海产鱼（大小黄花鱼、带鱼和墨鱼），石首家族独占半壁。

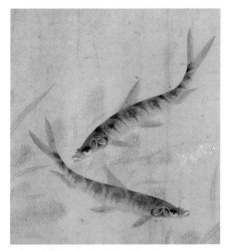

〔明〕周东卿《鱼乐图》局部

每年春夏，楝花开时，石首鱼洄游至近海产卵，翘首企盼了一整年的吴人，赶紧从衣柜里搬出刚刚换下的冬装、棉被典卖，换了钱买石首鱼吃。民谚有云："楝子花开石首来，笥中被絮舞三台。"时气新热，鲜鱼用不了多久就会微微发臭，吴人毫不在意，忍臭大啖，因为过了这旬月辰光，再想一餍口欲，又要等来年了。若实在吃不来臭鱼，那就只好吃腌鱼。古时冷链技术不发达，腌制鱼肠、晒制鱼干，莫不是为了保鲜，若非沿海居民，想吃上一尾新鲜石首鱼，真比登天还难，连供给皇室的上方贡物都只能是腌渍的。一部记录隋炀帝朝青琐秘史的手稿中详载了吴郡（今江苏苏州）贡奉宸掖的石首鱼保藏之法：

"（吴郡）献鮸鱼含肚千头，极精好。作之法：当六月七月盛热之时，取鮸鱼长二尺许，去鳞净洗。停二日，待鱼腹胀起，方从口抽出肠，去腮留目。满腹内纳盐竟，即以末盐封周遍，厚数寸。经宿，乃以水净洗。日则曝，夜则收还。安平板上，又以板置石压之。明日又晒，夜还压。如此五六日干，即纳干瓷瓮，封口。经二十日出之，其皮色光彻，有如黄油，肉乾则如糗，又如沙棋之苏者，微咸而有味，味美于石首含肚。然石首含肚亦年常入献，而肉彊不及。此法出自随口味使大都督杜济，济会稽人，能别味，善于盐梅。亦古之符郎，今之谢讽也。"[10]

鮸（miǎn）鱼俗称"米鱼"，是石首鱼的一个主要品种。吴郡进献的1000条"鮸鱼含肚"，用的是六七月盛暑之际盛产的鮸鱼，二尺来长的最好。刮去鱼鳞，清水洗净，放置一天，待次日微微腐败，鱼腹胀起，从鱼嘴钩出肠子，摘去鱼腮，腹内填盐，并厚厚涂抹周身，抹至数寸之厚，再经一宿，用水洗净。腌渍的咸鱼，白天曝晒脱水，夜里重物镇压，如此连晒带压五到六天，直到完全干透，封进干燥的瓷瓮，二十天后取出。制成的鮸鱼含肚，皮色光亮透明，宛如黄油，鱼肉松软细嫩，微咸醇香。

用石首鱼腌制的鱼鲞，古人认为"食之消瓜成水[11]"，可开胃醒脾，补虚活血，是病人、孕妇产后食养之珍[12]。至今秋风一起，东南沿海城曲巷隅，仍然到处灌满鱼鲞的鲜气，这股气味流荡了数千年，腌透了浙东人的乡土。到市场打个转，拎回几提，滚煮去咸之后，就是老宁波人说的"压饭榔头"，配合炒饭、蒸腊肉、猪肉红烧、清炖鸡汤，或者萝卜肥肉同煨，搭荤配素，无不可人。

逐夷的市场在唐朝冷却了，继之而起的是"鱼肚"，也就是鱼鳔所制的鱼胶。大黄鱼的鱼肚外号"黄花胶"，制法去繁就简：鱼鳔剖开，洗净，压扁，晒干，煮沸后冷凝即成。鱼肚胶质丰富，凝结着浓郁奇鲜，用冷水发开，炖鸡、炖排骨，口感爽滑，汤头鲜美，入口的一刻，十万个神经末梢齐抖擞，整个世界都氤氲虚化了，只剩下眼前这碗珍味清晰无比，光芒四射。深宫天子也按捺不住，在唐代，吴郡贡品从每年千条鱼鲞换成了每年七斤"压胞"（鱼肚）[13]。

海鱼魅力无穷，不过受运输、保鲜条件限制，唐人餐桌上，淡水鱼还是比海鱼常见得多。驰誉先秦的鲤鱼、鲂鱼，在唐代依然紧俏。唐人尤重避讳，以"鲤"同音皇家姓氏"李"的缘故，开元三年、十九年，朝廷两度禁断捕食鲤鱼[14]，胆敢贩卖者，按律脊杖六十[15]。处罚措施不可谓不苛，但从唐人大量食鲤的资料来看，朝廷禁令、法律规章未曾发挥理想的作用，"吃货"们照常捉了鲤鱼，该清蒸的清蒸，该炖汤的炖汤，我行我素，不亦乐乎，完全不买官府的帐。其实唐廷多次设想禁止捕鱼，武则天朝出于宗教原因，一度罢屠，不许宰割牲畜，接着又将禁渔议案提上朝会讨论。大臣崔融坚决反对，指出："江南诸州，乃以鱼为命。"[16]禁渔无异于斩断南方千万百姓生计，势必掀起巨大波澜，此议最终不了了之。

至于鲂鱼，在唐代亦称"鳊鱼"，古时欠缺严谨的生物分类标准，鲂鱼和鳊鱼常常混淆不分，古人说的这两种鱼，其实均可指今天的鲂属鱼，也可指鳊属鱼。鳊鱼之美，倾倒众生，三国陆玑说："鲂鱼广而薄，肌肥甜而少肉，细鳞之美者也。"[17]武昌江段出产的"缩项鳊"，或称"槎头鳊"尤为翘楚。《襄阳耆旧传》中说：

> "汉水中出鳊鱼，肥美，常禁人采捕，遂以槎断水，因谓之槎头缩项鳊。张敬儿为刺史，齐高帝取此鱼，敬儿作书进曰：'奉槎头缩项鳊一千八百头。'岘潭有云：'试垂竹竿约，果得槎头玉。'孙炎《释尔雅》：'积柴木水中养鱼曰槮。'襄阳俗谓鱼槮谓槎头，言所积柴木槎槮然也。"

当年襄阳人因嗜此鱼，大规模采捕，逼得官府立槎断水加以限制，"槎头鳊"之名，就是这么来的。鳊鱼最精彩处是肚下那一块被称为"腹腴"的嫩肉："鲂鱼，小头缩项，阔腹穹脊，细鳞，色青白，腹内肪甚腴。"[18]唐人甚至将之与豹胎并论，誉为水陆最顶级的两种食材[19]。多少文宗诗豪被这么一小块肉迷得神魂颠倒，岑参在塞外挨风沙的时候，做梦都想着那口味："秋来倍忆武昌鱼，梦著只在巴陵道。"[20]杜甫诗云："鲂鱼肥美知第一，既饱欢娱亦萧瑟。"[21]将其誉为当世无双，这还算克制了，设或让孟浩然见到鳊鱼，简直连命都可以不要。孟浩然的生活，三句话不离鳊鱼，去人家玩耍，写《冬至后过吴张二子檀溪别业》："鸟泊随阳雁，鱼藏缩项鳊。"去钓鱼，《岘潭作》："试垂竹竿钓，果得槎头鳊。美人骋金错，纤手脍红鲜。"饯别朋友，《送王昌龄之岭南》："土毛无缟纻，乡味有槎头。"最后这首诗作于开元二十六年王昌龄谪逐岭南之际，孟浩然许愿说："老王，将来你到了襄阳，我请你吃鱼。"王昌龄大概一直惦记着这事，两年后遇赦北归，路过襄阳，一下船便径直去寻孟浩然践约。那时孟浩然生了背疽，医治多时，好不容易有所好转，见了嚷嚷着要吃鱼的王昌龄，孟浩然寻思："我这病好得差不多了，稍微吃一点忌口的东西，谅也无妨。"等开出宴来，鳞龙曼舞，芳旨盈席，红虾白鱼，说不尽的鲜香动人，孟浩然哪里还把持得住，放开怀抱，鲸吞虎噬，也不知吃了多少，未几疾发而死[22]。

大凡鱼肉口感，与之所处水体的水深、水流息息相关。海鱼活动范围广，每每与风浪相抗，所以肉质较淡水鱼弹性更为优胜。缩项鳊出产的水域，水文特异，江水倒灌，成回旋之势，强劲的水流造就了缩项鳊一身卓绝骨肉。清光绪十一年（1885年）的《武昌县志》评释道："鲂，即鳊鱼，又称缩项鳊，产樊口者甲天下。是处水势回旋，深潭无底，渔人置罾捕得之，止此一嘗味肥美，余亦较胜别地。"南宋权相贾似道最喜浙江苕溪鳊鱼，有个叫赵与可的湖州地方官巴结当道，为把湖州鳊鱼活蹦乱跳地送到宰相府上，别出心裁地设计了一种运鱼船，船上装有水循环机械，模拟江河水流，灌输不停，鱼群持续运动，既保证了新鲜，亦保持了口感[23]。

更为重要的运输技术——原始的"冷链物流"，也在宋代初步投入应用。有条件的鱼贩冬季收集冰块，藏诸地窖，夏月渔汛之时，取冰裹鱼，能跨四百余里，从苏州运至金陵（今江苏南京）以西[24]。不过冰镇运输成本高昂，非市井小民可以享受，寻常百姓餐桌上的，依旧是闻着臭、入口鲜的咸鱼、鱼干。

臭味之于美食，别具不可思议的魔力，能够化生邪异，使人无端着迷。从前缺盐的时代，鱼肆腌鱼，腌得臭气冲天，一半是因为盐贵，一半也是故意为之，那些有同嗜焉的逐臭之客，非但不会掩鼻疾走，反而趋之若鹜，甘之如饴。中国的臭味美食，大抵以长江中下游的湖北、湖南、江西、安徽为最，湖北武汉的干烧臭鳜鱼（俗称中也写为桂鱼），至今为鄂菜经典，下酒恩物。此鱼的历史，可以追溯到宋朝百姓餐桌：

> "汉阳武昌，滨江多鱼，土人取江鱼皆剖之，不加盐，暴江岸上，数累千百，虽盛暑为蝇蚋所败，不顾也。候其干乃以物压作鲞，谓之淡鱼，载往江西卖之，一斤近百钱。饶信间尤重之，若饮食祭享无淡鱼，则非盛礼，虽臭腐可恶，而更以为佳。一船淡鱼其直数百千，税额亦极重，黄州税物，每有三淡鱼船，则一日课利不忧。"[25]

北宋武昌江岸，白花花铺着遍地鱼干，晾晒过程无需加盐，听其自然腐败发臭，盛暑时节，苍蝇群集，亦放置不管。经晒、压脱水的鱼干，当地呼为"淡鱼"，载往江西贩卖，每斤售价近百钱，一船动辄几十万，获利极厚。与其他以臭著称的美食一样，

〔明〕仇英《清明上河图》里的鱼

淡鱼的臭气越甚，越令人疯狂，那股子夺魂摄魄的诡奇腥鲜，撩动着味蕾深处的欲望。在江西上饶，无此一味不成席，祭祀、待客等必置淡鱼。淡鱼需求之旺盛，竟成为湖北黄州等产地的税收支柱，每日仅需输出三船，便抵得全州赋税任务。

鱼市火爆，渔业随之发达。中国"四大家鱼"——青鱼、草鱼、鲢鱼、鳙鱼的养殖在宋代蔚然兴起。宋人于实践中摸索出这四种淡水鱼混养的优越性，并开始直接捕捞江河野生鱼苗，放入陂塘饲养。浙江大户人家多凿池养鱼为业，一年光景即可出售，收益上千缗，成本不过牧草、糟糠而已 [26]。四大家鱼价格平易，养殖业发达地区如浙江、湖北等地，百姓以鱼为蔬，谓之"鱼菜"，言吃鱼像吃菜般平常 [27]。当然，也不是所有鱼都如此接地气。

子鱼，正式名称叫作"鲻鱼"，自古为海错琼珍，雌性子鱼卵巢腌渍晒干，便是日本人眼中世界三大美食之一的"唐墨"乌鱼子。宋人食子鱼，深谙精要，北宋王得臣《麈史》中载："闽中鲜食最珍者，所谓子鱼者也。长七八寸，阔三二寸许。剖之，子满腹，冬月正其佳时。"子鱼珍美，遂成贡品。南宋初年，秦桧得势，秦夫人常奉召入宫，陪侍高宗的生母显仁太后。一次闲话家常，聊起饮食，太后感慨说近日入贡的子鱼个头太小，索然无味。秦夫人忙巴结道："太后不必烦恼，大个头的子鱼，臣妾家多得是，明儿带一百条来孝敬太后。"显仁太后听了，淡淡的，不置可否。秦夫人拍马屁没拍出个响儿，满心困惑，不知自己说错了什么。回家跟秦桧一说，秦桧大惊："你这妇人，好不晓事，这话怎能在太后面前说！大内都没有的东西，咱们家倒'多得是'，咱们家岂不是盖过了皇上！"可是覆水难收，说出去的话自是收不回来了，秦桧立即召开幕僚会议，商讨补救之策。第二天，他交给夫人一百条青鱼，青鱼外观与子鱼略似，体型大得多，且极为普通常见，便是百

姓之家，置之百尾，亦非难事。秦夫人带了青鱼进宫向太后交差，太后看罢，拊掌大笑："这就是你说的子鱼？真是个没见过世面的村婆子。"一场猜忌风波就此涣然消释，秦桧之贪墨狡狯由此可见[28]。相比起来，南朝宋文帝时的刘义康，在这种事情上全不避嫌，可算一号直肠直肚的钢铁直臣。那时刘义康拜大将军、大司徒，独掌朝政，四方州郡贡奉朝廷，皆以上品馈赠义康，次品才供给皇上。有一年冬季，皇上当着刘义康的面吃柑子，吐槽说今年的柑子既不好看又不好吃，刘义康想也不想，脱口说道："今年也有上乘的柑子。"于是吩咐从人回府取些给皇上享用。取来一看，比皇上吃的大出三寸之多，皇上意难平，君臣之间便慢慢生出嫌隙。元嘉二十二年（445年），宋文帝借故废刘义康为庶人，六年后将其赐死[29]。

天子家珍供如子鱼者，凭秦桧的权势熏赫，也只能关起门来偷着尝，民间就更不用作非分之想了。宋代饮誉民间的淡水鱼鲜，首推河豚。河豚剧毒，宋代以前，少见食用记录，但从东汉医圣张仲景《金匮要略》所载"鲦鲐鱼（河豚）中毒方"来看，汉代就有不少人抵不住诱惑，豁出性命吃河豚了，否则不至于积累到足够的解毒经验研究出医方，也不至于被张仲景收入医典。唐朝时，玄宗曾赏赐李林甫一系列关中稀有的水产，其中就有河豚。苑咸代笔的《为李林甫谢腊日赐药等状》中写道："昨晚内使曹侍仙至，奉宣圣旨，赐臣……鲦鳀鱼、鲂鱼、鲑鱼等，仍便令膳造。""鲦鳀"为河豚，唐玄宗不但赐了河豚，还贴心地指派御厨到李林甫家替他烹好，使臣子切身感受天恩温度。天子赐食，并谕御厨随行代庖，乃是惯例，哪怕烹出来的东西有毒，臣子也非吃不可，史上许多赐死案例或许都是这么操作的。可惜唐玄宗并未打算借河豚毒杀李林甫，那位御厨把河豚做得鲜美无比，李林甫感激涕零。

宋代，江淮地区突然掀起吃河豚狂潮，有好事者给河豚腹下嫩肉（一说鱼白，即雄性河豚的精囊）取了个暧昧名目，叫作"西施乳"，与闽南一种名为"西施舌"的蛤类，并称食界双姝。吃顿饭吃得人面红耳热，想入非非，河豚一时身价百倍，元宵节前第一批出水的河豚，作价可达千钱一尾[30]。名字取得香艳，而美食也确然具有不凡的魅力，让人就算明知有毒，也忍不住想要亲近。宋代及此后历代药师、医者、方士总结出来解河豚毒的方子、技巧汗牛充栋，大要而言，宋人已察觉河豚肝、卵、血液剧毒，人食必死，庖治之时，务求避免混入，但每年中毒而死者还是不计其数。梅尧臣拟之利刃："炮煎苟失所，转喉为莫邪。"一个搞不好，那就不是吃鱼，而是吞剑了。梅尧臣的比喻毫不夸张，河豚毒素毒性之强，甚至氰化物（电影里特工衔在齿间用来自杀的毒药）也要甘拜下风，一只河豚体内所含的毒素，足以毒杀三十个成年人。但江淮人毫不畏惮，不止自己吃，还拿来送礼[31]，经常坑得左邻右舍同时毙命。世传一种解河豚毒的配伍，是清理掉眼睛、卵、尾鳍、血液，彻底洗净后，投以甘蔗、芦根同煮[32]。设或不慎中毒，古人的土方是急服炒槐花末、龙脑水或橄榄汤。现代研究证明，这些法子并无解毒效果，再者炮制费时，等槐花末炒就、橄榄汤熬妥，中毒者早一命呜呼了。古代更多见的解救之策是饮粪清催吐。粪清就是滤去渣滓的大粪汁，此物入口，搜肠刮肚、翻江倒海地呕吐一阵，或许还有活命的机会。相传清代常州有位御史，携四位朋友到人家喝酒，主人家烹饪精良，饮馔讲究，尤其擅治河豚，客人既至，不能不尝。虽说主人的家厨在料理河豚方面经验丰富，做出来的鱼肉也美味绝伦，但此物毕竟剧毒，诸客一面举箸大啖，一面绷着神经，心中警惕。吃到一半，一位姓张的客人忽然筷子一扔，跌下椅子，口吐白沫，全身痉挛。众人大骇："糟糕，这是中了河豚之毒！"主人火速打发小厮买来粪清，先给姓张的客人灌下，那客人一副中毒已深的模样，兀自不醒。众人越发害怕，都说："趁着毒还未发，咱们赶紧把这粪汤子喝了罢！"当下顾不得臭气逆鼻，每人强饮一杯，张口大呕。未几，姓张的客人苏醒过来，众人告以解救之事，张道："小弟一向患有羊角风，刚才那是发病，不是中毒，你们……你们莫非给我灌屎了？"众人面面相觑，忙找来清水漱口，大呕特呕，比刚才呕毒还要起劲儿些。想起原本是来吃大餐的，却无端吃了满口大粪，呕吐之余，狂笑不止[33]。

吃河豚吃到这个份儿上，无趣至极，可是不让吃又实在忍不住，于是机智的宋朝厨师，创制了仿河豚味的素食"假河豚"，以满足嘴馋而审慎的"吃货"[34]。假河豚的目标顾客肯定不包括苏东坡，古往今来，苏东坡可称力主吃河豚第一人，他那些流着哈喇子所作的脍炙人口的诗句，什么"粉红石首仍无骨，雪白河豚不药人。寄语天公与河伯，何妨乞与水精鳞。""竹外桃花三两枝，春江水暖鸭先知。蒌蒿满地芦芽短，正是河豚欲上时。"就不必说了，单只下面这个传说，也足见苏轼的河豚瘾。

传说苏东坡谪居常州的时候，所住小区有位员外，家厨烹制河豚极妙，想请东坡先生大驾过府，品题品题，苏东坡欣然应邀。员外家的女眷孩子，得知名动天下的文坛巨星活生生到自己家来了，大为兴奋，都挤在屏风后偷看。却见苏东坡落座举箸，只顾埋头大嚼，对鱼味的好坏竟然不置一词。员外全家忐忑不安，照理说，客人就餐，哪怕只是礼节性的，也少不得夸赞一句肴馔美味，苏东坡一言不发，岂不等于在批评"菜做得不咋地"吗？这可真是丢人丢到家了！就在阖家相顾失落之际，苏东坡抹抹嘴巴，长吁一口气，大声叹道："也值得一死！"短短五个字，包含着至高的赞美和尊重，员外全家转忧为喜，无不欢欣[35]。

欧阳修《六一诗话》中说："河豚常出于春暮，群游水上，食絮而肥。"春夏应季的河豚，到收麦时节就要罢市了。不过"吃货"不会寂寞，接踵而来的鲥（shí）鱼大可慰藉胃口。宋人诗曰：

> 安石榴花猩血鲜，凉荷高叶碧田田。
> 鲥鱼入市河豚罢，已破江南打麦天。[36]

河豚、鲥鱼，再加一味刀鱼，组成造极于江湖的"长江三鲜"。

我们先从刀鱼谈起。刀鱼也叫刀鲚，此鱼生得笔直修长，通体银白皎洁，锦鳞一跃，宛若一口银光射目的飞刀。春潮迷雾出刀鱼，吃刀鱼最好赶在早春。每年二三月份，桃花初开，刀鱼从海洋洄游入江产卵，这时的刀鱼肉鲜骨软，丰腴肥嫩，正宜把盏寻春，花前一醉。

原料鲜活，清蒸是上乘烹法，鱼之至味在于鲜，蒸之为物，最能锁住鲜嫩，保留原料天然完整形态。新鲜刀鱼，浇淋酒酿（醪糟）、清酱，不添水，直接清蒸，鱼肉带着一刀入魂的奇鲜，沾舌即化，食客内心惊动，醉人的不是酒，而是鱼。

刀鱼多小刺，清明之后，骨鲠转强，民谚云"明前细骨软如棉，明后细骨硬如针"，品质也随同下降。这时磨一口快刀，薄薄片下鱼肉，细细抽净鱼刺，拿火腿汤或鸡汤来煨，一大盆汤头熬得奶白，鲜妙绝伦[37]。

20 世纪六七十年代，每值渔汛，长江中能打到将近 4000 吨刀鱼。此后十几年，过度捕捞、水质污染，导致刀鱼资源严重衰减，捕捞量往往难逾百吨。后来刀鱼一度要价飞涨至每斤万元，价格超过纯银，一尾难得。可叹清朝一代食神、江南才子袁枚还在他的美食专著《随园食单》里对着刀鱼挑肥拣瘦，实是身在福中不知福。

刀鱼逐年减少，毕竟还有野生者可捕，而野生长江鲥鱼则近乎绝迹。

鲥鱼同属洄游鱼类，夏季溯江逆游，至鄱阳湖、赣江一带产卵。此物生性刚猛，水下横冲直撞，动辄鳞破而亡，耐氧又极差，出水便死，最易馁败，鲜鱼十分难得。因此从明朝起，驿马临江，宫里尚膳监的公公亲临现场监督，只等第一网出水，立时冰镇，扬帆飞马，直送皇城。"六月鲥鱼带雪寒，三千江路到长安"，沿途早已修好的无数冰窖，不断补充用猪油加水冻成的新冰，千方百计护持着鲥鱼的一丝鲜气。时间是保鲜的关键，护送鲥鱼的皇家物流，限期于五月十五日前送抵南京朱元璋孝陵，最迟六月底前到达北京，一路披星戴月，急如星火，七月初一先祭太庙，次供皇上御膳，接着官府富豪们遴选分尝，鱼市才敢上市[38]。

明朝皇室费心耗力，千里转输鲥鱼，一方面是鲥鱼味美，天子不免凡心骚动，但也不能全怪皇帝靡财尚侈，不恤民瘼，这件事朱元璋要负一些责任。朱元璋雄才大略，精力过人，为保他的铁桶江山传祚万世，亲自设计了一系列制度，要求子孙恪守。照他设想，只要子孙严格遵循这些制度，便可万世一系，永垂无疆，不在话下。无奈人算不及天算，玉垒浮云，世事变幻难测，朱元璋断断没有料到，他家老四朱棣会篡了他指定皇嗣朱允炆的位子，还把首都从南京迁到了北京。如此一来，许多原本以首都在南京为基础制定的制度，实施起来就会成本翻倍，鲥鱼祭享，便是一例。《明史》："洪武元年（1368 年）定太庙月朔荐新仪物……四月，樱桃、梅、杏、鲥鱼、雉。"洪武、建文两朝，太庙位于南京，距长江咫尺，要用鲥鱼祭祀，唾手可取。靖难之役后，明成祖迁都北京，把太庙也一并迁了过去，却不敢扬弃"祖宗家法"，太庙祭祀之物一仍旧例，那就只能千里迢迢搞运输了。这般大张旗鼓，势必劳民伤财，所谓"人马销残日无算，百汁但求鲜味在。民力谁知夜益穷，驿亭灯火接重重"。到清康熙二十二年（1683 年），山东按察司参议张能麟上《代请停贡鲥鱼疏》，康熙帝批复"永免进贡"，折腾了两百多年的"鲥贡"才告终结。

鲥鱼忌斩段炖汤，忌刮鳞，皆恐鲜醇流失之故。鲥鱼鱼鳞饱含脂肪，蒸汽一逼，融化入肉，腴美惊天。这一点宋人已具心得，南宋《吴氏中馈录》收录的一道蒸鲥鱼：

> "鲥鱼去肠不去鳞，用布拭去血水，放荡锣内，以花椒、砂仁、酱擂碎，水、酒、葱拌匀，其味和，蒸之。去鳞，供食。"

最后蒸熟去鳞，是去掉未化的鳞片。到清代，蒸法改良：鲥鱼挖腮剖腹，拎入沸水略氽去腥，火腿片、笋片、香菇片、熟猪油次第排置鱼身，佐白糖、盐、虾子、酒酿、清汤，覆猪网油、葱姜，猛火蒸 20 分钟。弃葱姜网油，取其汤，调以胡椒粉，重复浇淋鱼身。上席的鲥鱼宜配姜醋蘸食[37]。

鲥鱼虽让明朝天子惦念不已，但也有一样坏处——细刺多如毛。张爱玲尝叹人生三桩恨事：恨海棠无香，红楼未完，鲥鱼多刺。

可惜，而今鲥鱼洄游产卵之路断绝，野生鲥鱼与我辈无缘，刺多刺少，缘悭一面。今日市面可见者，唯美洲西鲱、真鲥和长尾鲥而已，似是而非，谬之千里矣。

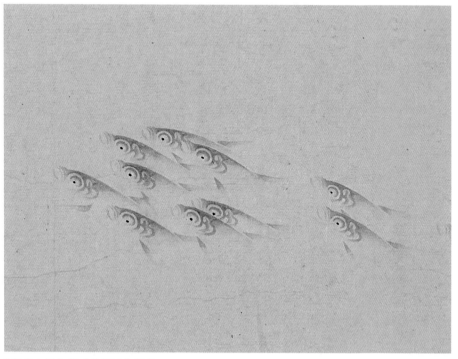

［南宋］周东卿《鱼乐图》局部

注释

［1］〔东汉〕郑玄《周礼注》。

［2］王仁兴.曾侯乙炉盘功能研究——兼论公元前 5 世纪初中国煎食炊器的文化渊源
及其出品的流传 [J].美食研究，2016（1）：1-5.

［3］〔西汉〕司马迁《史记·孟尝君列传》。

［4］《孔子家语》。

［5］〔西汉〕刘向《说苑·政理》。

［6］〔北宋〕《太平御览》引《吴越春秋》。

［7］〔北齐〕颜之推《颜氏家训》。

［8］〔西汉〕司马迁《史记·秦始皇本纪》。

［9］〔唐〕陆广微《吴地记》。

［10］〔唐〕颜师古《大业拾遗记》。

［11］〔东晋〕王羲之《杂帖》。

［12］〔清〕王世雄《随息居饮食谱》。

［13］《新唐书·地理志》。

［14］《旧唐书·玄宗上》。

［15］〔唐〕段成式《酉阳杂俎》。

［16］〔清〕《全唐文》。

［17］〔三国吴〕陆玑《毛诗草木鸟兽虫鱼疏》。

［18］〔明〕张自列《正字通》。

［19］〔唐〕皇甫枚《三水小牍》。

［20］〔唐〕岑参《送费子归武昌》。

［21］〔唐〕杜甫《观打鱼歌》。

［22］《新唐书·文艺下》。

［23］〔南宋〕周密《癸辛杂识》。

［24］〔南宋〕范成大《吴郡志》。

［25］〔北宋〕张耒《张太史明道杂志》。

［26］〔南宋〕施宿《嘉泰会稽志》。

［27］〔南宋〕赵与时《宾退录》。

［28］〔南宋〕罗大经《鹤林玉露》。

［29］《宋书·武二王》。

［30］〔北宋〕叶梦得《石林诗话》。

［31］〔北宋〕张世正《倦游杂录》。

［32］〔明〕宋诩《竹屿山房杂部》。

［33］〔清〕袁枚《子不语》。

［34］〔南宋〕孟元老《东京梦华录》。

［35］〔南宋〕孙奕《示儿编》。

［36］〔南宋〕陈造《早夏》。

［37］〔清〕袁枚《随园食单》。

［38］〔明〕沈德符《万历野获编》。

汉唐大饼

在先秦诸子、战国策士奔走天下，向列国君主陈理想、"画大饼"的时代，世上还没有"画饼"这个词，甚至连"饼"字都没几个人听说过。主张止战、非攻的劝架大师墨子倒是给人画过饼，但他画饼，不是为了鼓舞人家进取，而是为了打消人家的"进取"心。

事情是这样的，墨子之世，楚国有位鲁阳文君，好战亦善战。据说他有一回跟韩国交战，激斗一天，直打到太阳落山。当时天一黑两军就得摸瞎，啥都看不见，只能退兵。鲁阳文君杀得兴起，焉肯撤退？他举起手中长戈，对着夕阳连挥三次，吼声如雷："你个龟儿子太阳，赶紧给我升起来！"奇迹出现了，沉沉而落的太阳，竟真随着他的号令升了起来[1]。韩国军队哪见过这种事，士气尽夺，楚师大胜。这么一位逆天神将，兵锋所指，自是所向披靡。他看郑国不顺眼，抄起家伙就要去打，吓得郑国瑟瑟发抖。眼看郑国要遭殃，"和平守护神"墨子得到消息，一阵风地赶到楚国，劝鲁阳文君罢兵。墨门势力庞大，墨子本人足智多谋，精通机关、防御之术，鲁阳文君也不能不卖他面子，郑重其事予以接见。先秦诸子进言，都喜欢打比方，墨子劝鲁阳文君休战，也打了个比方，他说："假使有一位富豪，他家牛羊牲畜多不胜数，怎么吃都吃不完，但他看见人家做饼，却忍不住跑去偷窃，说是为了'贴补家用'。请问君上，他这是当真家里没东西吃呢，还是有偷窃癖？"鲁阳文君说："毫无疑问是偷窃癖。"墨子说："楚国据有四境之地，空旷荒芜，开垦不完，掌管川泽山林的官员多至数千人，数都数不过来。而今见到宋、郑两国的空城，还要窃取，跟那偷饼的小贼有什么区别？"鲁阳文君说："行了先生别说了，我不打了就是。"[2]

画一张饼，消弭一场战争，画饼之法神通广大，功德无量。鲁阳文君为一邑之封君，是个贵族，知道、多半也吃过饼类食物。设或墨子这番话说给当时的藜藿之民听，后者就很可能听不懂了，还要发问："饼子是啥？"

"南米北面"是中国南北饮食的基本差异，"南米"自古已然，"北面"却是魏晋以后才逐步形成的习惯。墨子的时代，麦作农业相对不算发达，脱谷、磨粉工具原始，小麦磨制成粉，再做成饼食，不好操作，成本也高昂。当时的老百姓被称为"粒食之民"，吃的是粟、黍、稻、麦的谷粒蒸饭，面饼这种东西，绝大多数人毕生不得一见，不得一尝，甚至闻所未闻，所以那句诗说"粒粒皆辛苦"，而不说"饼饼皆辛苦"。进入秦汉，农业精耕细作的水平、抗旱保墒的能力均有所提高，中原地区掀起一波小麦种植高潮。董仲舒就曾上书汉武帝，建议大力推广小麦种植："愿陛下幸诏大司农，使关中民益种宿麦，令毋后时。"[3] 产量提升，吃法便跟着丰富起来。小麦的优势是面食而非粒食，汉代石磨技术进步，民间大量使用，满足了面粉普及的条件，进一步促进了粮食作物种植格局的转变。在汉代，小麦取代小米（粟）成为华北地区的主粮，水涨船高，饼也随之走红。

面食发轫之初，"饼"的所指范围极广，东汉刘熙《释名》解释"饼"的概念时说："饼，并也，溲面使合并也。"一切面粉制的食物，不拘形状、大小、炊制方式，都可以称为饼。饼固然叫饼，面条也叫饼，称为"索饼"，馒头称为"蒸饼"，包子称为"笼饼"。那时候，如果女朋友吩咐想吃饼，男孩子一定得打听清楚，女朋友想吃的究竟是哪种饼，别人家指的是包子，你辛辛苦苦推磨和面熬汤下了面条，结果还落个"你不懂我"的失望评语，岂不冤枉也哉。

蒸饼、笼饼一脉发展至今，早已各立门户，蔚然成为大宗，它们开宗立派，背后离不开面食发酵技术的支持。早期的发面技术，大体可分为三种。一是酵面发酵。二是酒酵发酵，用米酒、醪醴之类作发酵剂。此类供发面的酒，在先秦称为"酏"（yǐ），"酏食……以酒酏为饼，若今起酵饼"[4]。这些酒渣滓很多，拿来和面之前，需要过滤。三是酸浆发酵，酸浆似醋，是谷物酿制的淀粉质酸化浆液。关于酸浆发面的具体操作，《齐民要术》中介绍说：

"作饼酵法：酸浆一斗，煎取七升；用粳米一升着浆，迟下火，如作粥。六月时，溲一石面，着二升；冬时，着四升作。"

即一斗酸浆熬成七升，投入一升粳米，文火炖成粥，滤取粥汤和面。夏季，每一石面，两升酸浆米粥足矣；冬季天冷，需四升米粥。

发酵的蒸面饼松软回甜，较之硬邦邦、黏糊糊的死面适口许多。优秀蒸饼的标准，是像后世开花馒头一样，蒸至顶部爆裂。西晋开国元勋何曾，是历史上著名的挑食王，万民慕尚的天家玉食在他眼里不值一提。晋武帝司马炎于宫廷设宴，请客吃饭，何曾坐在那里，皱着个眉头，一筷子不动。皇上关切下问，何曾老老实实说道："御膳实在太难吃，臣无法下咽。"司马炎也不生气，反倒特许他以后出席宫廷宴会时可以自带饭菜。盖何府饮馔，精致非凡，较之御膳更为讲究，每天仅何曾一人的伙食支出，就要靡费万钱，而"犹曰无下箸处"——埋怨没啥可吃的。他的次子、晋武帝总角之交何劭濡染父风，"食必尽四方珍异，一日之供以钱二万为限"。爷俩一天光是吃饭就得花三万钱，司马炎的御膳虽精，也着实比不了。幸亏何曾父子生在西晋，又跟晋武帝私交甚笃，若是生在后世的金朝，单凭家里有好吃的不拿出来孝敬皇上这一条，便足以抄家问斩[5]。史书写何曾挑食，特别强调了一个例子："蒸饼上不坼作十字不食"，蒸饼上端必须蒸裂，否则不吃[6]。从另一个角度看，今天普普通通的开花馒头，能入挑食王的法眼，说明在当时已然跻身顶级面点之列。后赵"天王"石虎也好食蒸饼，他的蒸饼更进一步，要求填干枣、核桃仁为馅儿，然后再蒸到坼裂。

石虎是羯族人，跟他的叔叔、后赵开国皇帝石勒一样，最忌讳听到个"胡"字。汉晋时期名物所带的"胡"字，同明清时期的"番"字用法仿佛，都表示"域外传入"之义。在石家叔侄看来，这个字格外扎眼，时时刻刻在提醒他们"外人"的身份，也时时刻刻提醒土生土长的中原百姓，当今国君"非我族类"。因此石勒发起了一波声势浩大的改名运动，天下间举凡带有"胡"字的东西，一律更名，胡瓜改称"黄瓜"，胡桃改称"核桃"，胡荽（香菜）改称"香荽"[7]，胡饼先被石勒改作"抟炉"，又被石虎改为"麻饼"[8]。

胡饼之得名，一方面或许是贴于炉壁烤制的做法传自域外，一方面是因饼的表层撒有胡麻——也就是芝麻[9]。想象胡饼的工艺形制，似乎较为接近新疆烤馕，果真如是，那么这种面食经历了两千年岁月，至今仍保持着强大的生命力，想象两千年前，当它刚刚沿丝绸之路进入中原的时候，何等轰动惊艳，自不待言。汉灵帝酷嗜此物，得空就微服溜上街买来解馋。两晋的一些评论家讲符验征应，居然说后来董卓拥胡兵破京师，就是汉灵帝吃胡饼吃多了的缘故[10]，这锅胡饼表示不背。汉灵帝本就是个奇葩，他出身侯门，父亲早逝，家里并非大富大贵，所以从小就喜欢攒钱，然后在市井间乱窜。后来当了皇帝，在宫里气闷不过，异想天开，发动宫女假扮成商贩，把宫苑布置成市场，他自己则扮作市民或上游供货商，在"商贩"之间周旋买卖，满足自己的逛街欲[11]。后来他觉得这样子过家家还不够过瘾，干脆骑匹驴子微服出宫[12]，溜上街市玩逛，即便不买胡饼，也会买其他东西吃，纯粹是贪玩丧志。而况汉晋胡饼铺子开遍北方，也没见北地州郡皆为胡兵所破。汉末人赵歧得罪宦官，远走河间、北海一带避祸，着布衣絮巾，卖胡饼维生[13]。河间在今河北，北海郡相当于今山东寿光，从西域腹地到东海之滨，万里山河，炊烟袅袅相望，胡饼的香气处处流溢。

东晋衣冠南渡，携北地名食入主江南。那时南北食俗差异巨大，南边的贵族自矜风物洁雅，莼鲈清尚，瞧不上北人的食物，笑话北人连鱼都没得吃，天天粟米麦饭，活得粗糙不堪。当时有个段子，说有南方人北上做生意，供货商请他吃饭，席间上了一份乳酪，南方人不识，只觉膻气逆鼻，强忍着反胃吞了下去。回去之后大呕特呕，呕得奄奄一息，嘱咐儿子道："北方人奸恶得很，竟公然喂毒药给我吃，你可千万要当心！"[14]段子有所夸张，反映的南北饮食之异却是货真价实。不过胡饼过江，南方贵族却罕见地没有排斥，反而爱不释手，闲来无事躺在床上，抱着张大饼能啃上一整天。晋明帝、成帝朝重臣郗鉴，家有掌珠长成，到了出阁年纪，郗鉴想替女儿找个门当户对的郎君。东晋名门，首推王谢，郗鉴听说王氏诸子芝兰玉树，各负才器，就决意从王家择婿。他派了个选婿使，替他走一趟考察考察，王氏子弟知道郗鉴乃是跟自家长辈王导、王敦同级别的当朝大佬，若能攀上这门亲事，飞黄腾达，指日可待，无不修饰装容，精神饱满地迎接考察。只有一个叫王羲之的小伙子，衣服都没穿好，露着个肚皮，倚在东床上啃胡饼，陶然自得，旁若无人，一副"爱谁谁"的模样，仿佛吃饼才是天下第一等大事。使者回去如实汇报，郗鉴听得两眼放光，大喜道："此真吾婿也！"当场拍板，把闺女许给了王羲之，世人美称为"东床快婿"[15]。王羲之一脸茫然，我这挺着肚子歪在沙发上吃了张饼，咋就吃出个媳妇来？

〔元〕钱选《王羲之观鹅图》局部

胡饼一统南北的魔幻香气，主要得自面粉中的氨基酸化合物（如蛋白质）与葡萄糖或果糖等羰基化合物，在高温条件下互相反应释放的香味物质，食品工业称此为"梅拉德反应"（Maillard Reaction）。加入蜂蜜或糖和面，可以提升反应效果；而加入油脂，受热时脂肪融化，释放出某些挥发性化合物，将赋予烤饼特殊的香气。至迟到六朝，豪门快婿，就有条件躺在东床上享受既含蜂蜜又加了油脂，能带来双倍快乐的胡饼了。《齐民要术》中说：

"以髓脂、蜜，合和面。厚四五分，广六七寸。便着胡饼炉中，令熟，勿令反覆。饼肥美，可经久。"

以动物油脂、蜂蜜和面，擀成1.5厘米厚、直径20厘米左右的饼子，贴"胡饼炉"内烤熟。胡饼炉大约形似如今的缸炉或馕坑，炉膛内壁贴满饼子，无需翻面，烤熟即食。

胡饼进一步升级，是为馅饼，《齐民要术》呼为烧饼：

"作烧饼法：面一斗，羊肉二斤，葱白一合，豉汁及盐，熬令熟，炙之。面当令起。"

这是发面馅饼，将羊肉、葱白、豆豉汁、盐一起炒熟为馅儿，跟现代馅饼相比，已看不出多大的区别。馅饼极有可能也是外来之物，《齐民要术》所载的卷肉大饼，即称为"胡饭"：

"胡饭法：以酢瓜菹长切，将炙肥肉，生杂菜，内饼中急卷卷用。两卷三截，还令相就，并六断，长不过二寸。别奠'飘齑'随之——细切胡芹，奠下酢中为'飘齑'。"

饼如莲叶，万象包罗，腌瓜、烤肉、生蔬菜裹挟其中，刀切小段，佐"飘韲"同食。飘韲是韭菜花酱之类的小菜或蘸料，味呈酸辣，酸来自醋，辣来自蓼属植物；韲中还有芹菜，带着亘古不变的别致味道，回荡唇齿之间，留下对它的故土西域的体认。

胡食东来，博望侯张骞应记首功。这位"带货"界的祖师爷穿越万里黄沙、敌国封锁、历尽磨难，九死一生，从中亚带回大批汉地所无的食材物种。据说张骞使团及随行商人货囊中的新玩意儿，至少包括芹菜、大蒜、葡萄、核桃、石榴、黄瓜、蚕豆、芝麻、香菜等。张骞几乎以一己之力，开启了历史上第一波中外文明交流高潮。

莫高窟第 323 窟：张骞出使西域

中国地域辽阔，地理环境和气候多样，大多数外来物种都能够寻得一方宜居沃土生根繁衍。盛世王朝，底气十足，于异域文化也做到兼收并蓄、开放包容，汉代如是，唐代亦如是。《旧唐书》中说，开元后的长安，"贵人御馔，尽供胡食"。东瀛学问僧圆仁《入唐求法巡礼行记》："时行胡饼，俗家皆然。"一个"尽"字，一个"皆"字，道破胡食供应量之大，中产以上人家，无人不知其味。胡食店肆遍满神州，产业体量规模，比之当代的"炸鸡基、汉堡劳、披萨客"，亦不遑多让。宫里当差的太监，也每每假公济私，出来买饼解馋。此辈巧取豪夺，在市场上名声很臭，虽不乏市侩趋奉巴结，而饼店老板们全不买账，太监一到，立即关门歇业，门口挂个牌子：有事外出，归期不定。太监们溜达一圈，到处碰壁，枵腹悻悻而去，店铺才重新开张[16]。文人、官场送礼，亦以此物为尚，白居易在四川发现一家饼店，特意买了一沓，"快递"给京中老友：

胡麻饼样学京都，面脆油香新出炉。
寄与饥馋杨大使，尝看得似辅兴无。[17]

唐朝饼业发展，受做饼师傅装备升级之惠良多，面点史上的神装利器——擀面杖，在唐代大规模投入应用，兴奋的饼师开始花样秀技术。饼师炫技，起初以"度长絜大"为主，唐末的大饼，大到不像话。同昌公主故世，唐懿宗赐了30匹骆驼的饼，"径阔二尺，饲役夫也"[18]，60厘米左右（两尺阔）的大饼装了30匹骆驼，用来赏赐奴仆，这还是小意思。五代十国的前蜀，有位姓赵的太守，外号"赵大饼"。蜀地天府之国，库帑丰裕，此人做了几任地方官，搜刮脂膏无算，因致巨富，平日讲究服食，精于饮馔，家里用了15个厨子，事一餐、邀一客，必水陆俱备，虽王侯之家，无逾于是。15个厨子分工别细，其中一位专事做饼，每次用面三斗（一斗大概12斤），擀成一张，这张饼不宜在室内食用，因为实在太大，铺展开来，遮天蔽日，直径几十丈（一共30多米）之宽，几间敞厅都铺不下。那饼师也不轻易为之，唯豪门广筵，有上百号人的大规模聚餐时，方一展神技[19]。

唐代继续从西域引进馅饼：

> "时豪家食次，起羊肉一斤，层布于巨胡饼，隔中以椒、豉，润以酥，入炉迫之后，肉半熟食之，呼为古楼子。"[20]

大饼横剖，层层码进一斤羊肉，肉片之间，隔以胡椒或花椒粉、盐豉，润以酥油，烤至五分熟即食。这种馅饼叫作"古楼子"，粗犷爽迈，正配长刀烈马、呼啸江湖的关西好汉。文献却道"豪家食次"，竟是上流社会、朱门高墙之内的高档正餐，足见唐人的豪迈是豪迈进了骨子里的，纵文人雅士，商贾贵胄，皆磊落疏阔，虎虎具豪杰气。而半生不熟的吃法颇具胡风，令人咋舌。

大唐最流行的西域馅饼，莫若"饆饠"（bì luó）。这个生僻的名字源自波斯语"Pildw"，大概是一种油煎馅饼，唐代僧人慧琳的佛经训诂《一切经音义》："饆饠之类，著脑油煮饼也。"兵书《太白阴经》谈军宴用食标准，说："饆饠，一人一枚……一斗面作八十个。"推知当为面食，而且用面不多。饆饠含馅，可荤可素，樱桃饆饠清爽甘美；羊肝饆饠宜乎打一角老酒，蘸蒜泥吞啖；天花饆饠取天花粉秘制，号称"九炼香"；蟹黄饆饠的做法，古人札记录述最详："赤蟹，壳内黄赤膏如鸡鸭子黄，肉白以和膏，实其壳中。淋以五味，蒙以细面，为蟹饦，珍美可尚[21]。"蟹黄、蟹膏、五味调和，裹一层薄面皮，热油一煎，鲜香之气陡然喷发，陆旗风靡，水阵云披，九城车马都为之驻足。长安酒楼，大半供应此物，"天宝中进士有东西棚，各有声势，稍伦者多会于酒楼食馎饦"[22]。天选才子的进士郎，缝衣浅带，乌泱泱地挤在一处，埋头饕餮，那架势未见得比贩夫走卒矜持到哪去。

卷肉之饼，又谓之"餤"（dàn）[23]。唐末科举放榜，新科进士会宴曲江，天子赐馔，肉饼皆封裹红绫，叫作"红绫饼餤"。那是读书人一生最得意的时刻，吃这么一张饼，足够吹一辈子。唐昭宗光化年间（898—901年），卢延让等二十八人登科，昭宗谕令太官做二十八枚红绫饼餤赏赐。后来大唐瓦解，卢延让流落前蜀政权，授水部员外郎，累迁刑部侍郎。那时卢延让年事已高，颇受朝臣排挤，他傲然抗声说道："莫欺零落残牙齿，曾喫红绫饼餤来。"我可是吃过红绫饼餤的进士，你们衮衮诸公，谁人得过此等殊荣？蜀主闻知，遂命供膳，亦以饼餤为上品，效法唐制，取红绫裹之。直到南宋，蜀人设宴，仍奉红罗（与绫相似）饼为隆重的象征，非贵客不供[24]。

饼餤所用之饼，应是一种薄面饼，唐代豪族用餐，席上常备此物，用来卷肉卷菜。唐太宗有一次请臣工吃饭，给每个人上了一大块烤肉。肉不能直接拿起来啃，得切，切肉需上手。若是在自己家，切完自有仆从端水净手，但宫里规矩大，太监们端着水盆来来往往不成体统，因此臣工沾了一手油，只好凑合着各取自带的手巾随便揩揩。右卫大将军宇文士及却懒得拿手巾，也许是平时在家吃饭养成了习惯，不假思索，随手抓起张面饼一擦，擦完抬手要扔。忽觉两道冰冷锋锐的目光从天而降，宇

［唐］阎立本《步辇图》

文士及一个激灵反应过来："不好！这可不是在家，是在皇上眼皮底下呢！此饼一旦扔出去，皇上必然申斥我奢侈浪费，不恤民生。"霎时之间，他脊背渗出一层冷汗，脸上却不动声色，目不斜视，一副"不知道领导正在看我"的样子，默默地把那张面饼吃了 [25]。

"忆昔开元全盛日，小邑犹藏万家室。稻米流脂粟米白，公私仓廪俱丰实。"[26] 盛唐之际，海内承平，天下富足，帝国人口激增，天宝年间，人口达到了 8000 万至 9000 万的峰值，较鼎革之初增长了 4 倍有余 [27]。人口增长，耕地需求随之增加，柴薪的需求也在增加，两种需求都势必侵蚀森林资源。在煤炭普及应用前，柴薪是最大宗能源，"开门七件事"，柴的排名，犹居"米"之上。南宋《梦粱录》："人家每日不可阙者，柴米油盐酱醋茶。"取暖炊饭，不可或缺。以帝京长安为例，周边森林面积本就有限，皇家宫殿廷宇营建、官署修造，林木消耗极巨，常驻人口之众，举世无匹，市民人均可支配的柴薪就更有限了。唐德宗曾报怨："开元天宝中，近处求觅五六丈木，尚未易得，皆须于岚胜州来采造 [28]。"唐中宗景龙年间（707—710 年），有个商贩走了宦官的路子，背着一捆柴诣阙进宫，蒙皇上召见。问他背柴何为，商贩说："草民一片心意，愿捐赠给御厨房。"中宗大为感动，竟拜这商贩为御史 [29]。此固中宗昏聩荒唐之故，而长安乏柴，亦可以知矣。有唐一代，长安城的柴薪供给始终紧张，"尺烬重桂，巷无车轮"。北宋人口继续增长，全国森林覆盖率由魏晋六朝的 41% 跌至 30% 左右 [30]，柴薪极度短缺，供不应求，所以宋人大力推广用时短、耗能低的炒菜，由此永久改变了中餐体系的格局。同样，为节省燃料，宋人更青睐文火即可的炖、煮、蒸，北方地区因仍至今的民俗，一次性蒸、烙大量馒头、面饼，存储起来徐徐食用，即出于此种考量。至于烤法，对精打细算的宋朝市民来说，能耗成本过高，不太合算。饼界风气一变，唐代烤制面食之尚，自此被蒸制取代。

南宋，北地遗黎涌涌南迁，南方面食需求激增，消费拉动，加上军队饲马的需要，麦价大幅上涨。农民发现种麦之利倍于种稻，于是稻作之余，踊跃种麦，南方普遍进入冬麦、晚稻两熟制时代。南宋江左，过春风十里，尽荠麦青青，郊野平畴翠浪，麦香远馥，进城逛逛，市廛饼铺栉比，面点琳琅。宋代，中国面食完成了品类细化，形成了以馒头、包子或饺子、面条、饼为代表的四大面食品类，这一格局沿承至今，可以说宋代主食的主要品种已基本同现代一致。

[北宋] 佚名《宋仁宗坐像轴》

宋代以前的蒸饼其实是指今天的馒头，宋人为避仁宗赵祯（"祯"与"蒸"谐音）之讳，改称蒸饼为炊饼，《水浒传》里武大郎荷担游贩者，即为此物。避讳更名的说法，出自北宋吴处厚的《青箱杂记》，吴处厚是仁宗皇佑五年（1053年）进士，见闻真切，当非稗说谰语。宋人讲究得很，吃个炊饼都能吃出精致的仪式感，切作方片，撒以椒盐，美其名曰"玉砖"。陈达叟《本心斋蔬食谱》：

> "玉砖，炊饼方切，椒盐糁之。截彼园璧，琢成方砖，有馨斯椒，薄洒以盐。"

而宋人所谓的馒头，则对应宋前的笼饼，是指今天的包子，有馅，且多为荤馅。《东京梦华录》《梦粱录》《武林旧事》胪列的两京街市面点，什么羊肉馒头、独下馒头、灌浆馒头（灌汤包）、四色馒头、生馅馒头、糖肉馒头、太学馒头、笋肉馒头、鱼肉馒头、蟹肉馒头、笋丝馒头、菠菜果子馒头云云，实际都相当于现代概念的包子。今天江南部分地区犹称包子为"馒头"，正是宋人风习之遗。以宋代为背景的旧小说或影视作品，动不动上一盘馒头当点心，绝非主人吝啬，要噎死来客，人家端出来的实为皮薄馅满、肥软流油的肉包子。

宋代北方植被生态被破坏得不成样子，朔风一起，尘埃敝天，吃炊饼、馒头，必须去皮，否则牙碜[31]，这并非浪费，但清俭者终不为。王安石一生廉约，出无舆马，居无墙垣，黄庭坚谓："余尝熟观其风度，真视富贵如浮云，不溺于财利酒色。"[32] 执政期间，亲家萧氏有晚辈来京拜访，出于礼节，王安石约他第二天过府吃饭。这晚辈是个公子哥儿，养尊处优惯了，照他想象，宰相请客，必是规格极高的盛馔，不知能吃到什么珍稀佳肴，可得睁大眼睛，开开眼界。翌日，公子哥儿盛装赴约，为了留着肚子，一早起来粒米不曾沾牙。到了相府，左等右等，看看日已过午，还不开饭，连点心水果都没上一碟。公子哥儿饥肠辘辘，又不敢走，茶水喝了一碗又一碗，越喝越饿。好不容易等王安石料理公务毕，肃客入席，先行过三巡酒，上了两张胡饼，王安石手一伸，道声："请。"公子哥儿目瞪口呆：怎么连菜蔬果品都没有，难道就干吃饼？须臾，侍从端上一碗猪肉，一碗菜羹，接着便上米饭了。上米饭，意思就是菜已上齐。公子哥儿愁眉苦脸，这些东西，如何下得去筷子！可是宰相请客，不吃岂非无礼？他慢吞吞地抠下胡饼中央一小块吃了，就此投箸不食。王安石见状，拿过公子哥儿抠残的饼子，面不改色，默默吃完，公子哥儿大惭而退[33]。

宋代胡饼花式繁多，北宋汴梁胡饼店所售，就有门油、菊花、宽焦、侧厚、油碥、髓饼、新样、满麻之类，琳琅满目。三五个烙饼师傅共用一张案板，擀面印花入炉，从五更天始，擀面杖轧轧之声，远近相闻。上规模的店肆，烤饼的炉子多至50余座[34]，集约经营，提高了能源效率。普通市民舍不得买柴，大可省下钱来，直接去买饼。像武大郎那样自家制了面食，上街兜售的小饼贩也随处可见。北宋徽宗朝太常少卿、苏门四学士之一的张耒，邻家就住着这样一个卖饼少年，每天清晨五更不到便出门绕街呼卖，虽大寒烈风而不废。张耒深有所感，写诗砥砺儿子"业无高卑志当坚，男儿有求安得闲"，不论做何事业，勤谨为先，人生在世，切莫荒废时光：

城头月落霜如雪，楼头五更声欲绝。
捧盘出户歌一声，市楼东西人未行。
北风吹衣射我饼，不忧衣单忧饼冷。
业无高卑志当坚，男儿有求安得闲。[35]

簪缨豪门不在意些些柴禾之费，家里的厨灶开足火力运转，该烤的烤，该煎的煎，烤馍片，至晚就是南宋初期出现的。南宋绍兴二十一年（1151年），爵封清河郡王的大将张俊，在自家府邸宴请宋高宗，那顿饭规模之大，仅供高宗一人享用的菜肴就多至196道，其中一道"炙炊饼"，很可能正是烤馒头干[36]。而眼下流行的另一种小吃——煎饼果子，也可以在宋代找到原型。北宋吕原明《岁时杂记》："社日人家旋作煎饼，佐以生菜、韭、豚肉。"时过近千年，今人摊制煎饼，依然离不开煎子。"旋作"二字，说明制作极快。生菜、韭菜、猪肉的搭配，无疑比火腿肠、脆饼、油条实在得多了。唐宋煎烤面食的流行远及海外，现代日本提起饺子，默认为煎饺而非水饺，大概就是唐宋遗风。唐宋煎饺传入日本，确立了日本人对饺子的印象。明清时期，中国水饺之尚超过了煎饺，但明清民俗文化对日本影响逊于唐宋，即使水饺东传，亦不足以撼动煎饺在日本人心中"正宗"的地位，因此日本的饺子一直停留在唐宋的煎饺版本，并未随同中国迭代。

元代，近似煎饼果子的卷饼继续进化，更接近完全体。当时民间风行一本"生活百科全书"，名字很接地气，叫作《居家必用事类全集》，书中有大量菜谱，教程详备，足可助一个没摸过炊帚的新媳妇儿成长为调鼎能手。例如一道七宝卷煎饼：

> "白面二斤半，冷水和成硬剂，旋旋添水调作糊。铫盘上用油摊薄。煎饼包馅子，如卷饼样，再煎供。馅用羊肉炒臊子、蘑菇、熟虾肉、松仁、胡桃仁、白糖末、姜米，入炒葱、干姜末、盐、醋各少许，调和滋味得所用。"

即两斤半面粉，冷水和成面剂，添水调为糊。铫盘（平底锅）内倒油，俟热，适量倾入少许面糊，摊成煎饼。"教程"特别提示，不是煎饼熟了起出裹馅儿，而是包入馅儿后，再煎片刻才起出，以充分激发馅料的香气。馅用炒羊肉臊子、蘑菇、虾肉、松仁、核桃仁、白糖、姜米，搭配炒葱、姜末、盐、醋调味，阵容之豪华，现代的煎饼果子恐怕望尘莫及。

此书中还介绍，蒙古人从伊斯兰世界也带回了一种卷煎饼：

> "摊薄煎饼。以胡桃仁、松仁、桃仁、榛仁、嫩莲肉、干柿、熟藕、银杏、熟栗、芭揽仁，已上除栗黄片切，外皆细切，用蜜糖霜和，加碎羊肉、姜末、盐葱，调和作馅。卷入煎饼油炸焦。"

即摊薄煎饼，再将核桃仁、松仁、桃仁、榛子、嫩莲肉、柿干、熟藕、银杏、熟栗子、巴旦木等切碎拌和蜜糖，加羊肉、姜末、盐、葱，调制为馅儿，油煎后表皮焦香酥脆，内里醇甜裕足，糅合出鲜美的口感。此法传到明朝，用馅大异，羊肉换成了猪肉，干果改为江南更常见的竹笋：

"馅用猪肉二斤、猪脂一斤，或鸡肉亦可，大概如馒头，馅须多用葱白或笋干之类，装在饼内，卷作一条，两头以面糊粘住，浮油煎，令红焦色，或只熯熟，五辣醋供[37]。"

　　明代是烙饼界神功大成的时代，千层饼、酥油饼、火烧、椒盐饼、韭菜盒子这些火爆至今的国民饼食纷纷修炼圆满，破炉而出。烟火氤氲，接地连云，漫天神魔，应接不暇，走进大明人家后厨，一路看下来会发现，数百年前的造饼手艺，几与当代无异。拿千层饼来说：

　　"用生熟水和面，擀开薄，或布鸡、鹅膏，或布细切猪脂肪，同盐、花椒少许，厚掺干面卷之，直掠数转，按平擀为饼[38]。"

　　这几句文字，不独明人可鉴，拿到现代，也是合格的教程。凉开水和面，擀薄，涂油及盐、椒粉，撒一层干粉，画轴般卷拢，擀平，烙至两面金黄，层层分明，松脆咸香。

 椒盐饼

　　"白面二斤，香油半斤，盐半两，好椒皮一两，茴香半两，三分为率。以一分纯用油、椒、盐、茴香和面为穰，更入芝麻粗屑尤好，每一饼夹穰一块，捏薄入炉[37]。"

 酥油饼

　　"用面五斤为则，芝麻油或菜油一斤，或加松仁油，或杏仁油少许，同水和面为外皮，纳油和面为馅，以手揉折二三转。又纳蜜和面，或糖和面为馅，锁之，擀饼置拖炉上熟[37]。"

食 · 糖薄脆

此饼甜中带咸，形、味皆似饼干，可为甜点。

> "白糖一斤四两、清油一斤四两、水二碗、白面五斤，加酥油、椒、盐、水少许，搜和成剂，擀薄，如酒钟口大，上用去皮芝麻撒匀，入炉烧熟，食之香脆[37]。"

食 · 牛奶糯米饼

元代，饼师效仿蒙人习惯，在面团中加入牛奶，以换取醇和的香味。明代人祖述此法，并发现了牛奶与糖的天作之合：

> "凡白糯米细粉八合、白粳米细粉二合揉匀，鲜牛乳饼半斤为小饼，内钻以白砂糖、去皮胡桃、榛、松仁，或蒸或煮之[38]。"

牛奶糯米饼细腻绵软，奶香浓郁，核桃、榛子、松子仁的山野之气，有如淙淙清流，妙手偶得，青天一碧。

食 · 韭菜盒子

北方饮馔，偏爱大开大合，直来直去，韭菜盒子最对味。明朝的韭菜盒子并非素食，跟韭菜搭伙的，不是鸡蛋，而是猪肉。

> "带膘猪肉作臊子，油炒半熟，韭生用，切细，羊脂剁碎，花椒、砂仁、酱拌匀，擀薄饼两个，夹馅子爁之。荠菜同法。"[37]
>
> "用生熟水和面，擀开薄。取猪肉先烰，细切醢。新韭细切菹，　花椒、胡椒屑、葱白、酱匀和入内锁之，再余饼，热锅中爁熟。"[38]

即五花肉剁臊子，炒半熟。生韭菜、羊油切碎，同肉臊子、花椒、砂仁、酱拌匀，夹入面饼烤熟。荠菜也可如法炮制。当时尚未有"盒子"之名，"盒子"之称见于清代，清初词宗、大学者朱彝尊博物洽闻，学无不览，著述颇丰，其《食宪鸿秘》二卷，记饮食、本草之事，书内"韭饼"一条写道：

> "好猪肉细切臊子，油炒半熟或生用，韭生用，亦细切，花椒、砂仁、酱拌。擀薄面饼，两合拢边，熯之，北人谓之合子。"

清乾隆朝，袁枚《随园食单》中的韭菜盒子向现代人熟悉的形态更进了一步：

> "韭白拌肉加作料，面皮包之，入油灼之。面内加酥更妙。"

盒子之为物，非独韭菜可以造就，《帝京岁时纪胜》说，仲春时节，北京街市、人家多喜用菠菜同金钩虾米烙盒子。《调鼎集》又见芝麻、脂油、白糖的芝麻盒子，鸭肉、熟栗子、酱油、烧酒调馅的野鸭盒子，蟹肉、姜汁、盐、酒、醋、油的蟹肉米粉盒子。天生万物，落地成盒，盒子里住着薛定谔的那只猫，咬一口下去，方知过去未来，本末始终。

注释

[1]〔西汉〕刘向《淮南子》。

[2]《墨子·耕柱》。

[3]《汉书·食货志》。

[4]〔唐〕贾公彦《周礼义疏》。

[5]《金史·石盏女鲁欢传》：官奴在双门，驱知府女鲁欢至，言："汝自车驾到府，
　　　上供不给，好酱亦不与，汝罪何辞。"遂以一马载之。令军士拥至其家，检其家
　　　杂酱凡二十瓮，且出所有金具，然后杀之。

[6]《晋书·何曾传》。

[7]〔明〕李时珍《本草纲目》。

[8]〔北宋〕《太平御览》引《赵录》。

[9]〔东汉〕刘熙《释名》。

[10]〔西晋〕司马彪《续汉书》。

[11]《后汉书·孝灵帝纪》。

[12]〔南朝梁〕萧绎《金楼子》。

[13]《后汉书》，〔南朝宋〕裴松之《三国志注》。

[14]〔三国魏〕邯郸淳《笑林》。

[15]〔东晋〕王隐《晋书》。

[16]《唐会要》。

[17]〔唐〕白居易《寄胡饼与杨万州》。

[18]〔唐〕苏鹗《杜阳杂编》。

[19]〔北宋〕孙光宪《北梦琐言》。

[20]〔北宋〕王谠《唐语林》。

[21]〔唐〕刘恂《岭表录异》。

[22]〔唐〕段成式《酉阳杂俎》。

［23］〔南宋〕戴侗《六书故》。

［24］〔南宋〕叶梦得《避暑录话》。

［25］〔唐〕刘餗《隋唐嘉话》。

［26］〔唐〕杜甫《忆昔》。

［27］葛剑雄《中国人口发展史》。

［28］〔唐〕胡璩《谭宾录》。

［29］〔唐〕韩琬《御史台记》。

［30］樊宝敏，董源.中国历代森林覆盖率的探讨[J].北京林业大学学报，2001（4）：60-65.

［31］〔南宋〕周辉《清波杂志》。

［32］〔北宋〕黄庭坚《跋王荆公禅简》。

［33］〔南宋〕曾敏行《独醒杂志》。

［34］〔南宋〕孟元老《东京梦华录》。

［35］〔北宋〕张耒《示秬秸》。

［36］〔南宋〕周密《武林旧事》。

［37］〔明〕宋濂《饮馔服食笺》。

［38］〔明〕宋诩《竹屿山房杂部》。

猪羊争霸

　　地球陆地总面积约为 1 亿 4890 万平方千米。这个数字看似庞大，其实包含了寸草不生的沙漠、终年积雪的高山，以及难以进入的原始森林，而可供人类利用、稳定输出价值的土地十分有限。在这有限的土地资源中，仅畜牧业一项产业的用地，就占据了全球陆地总面积的 30%。30% 是什么概念？假如把散落在世界各国的畜牧业用地拼接起来，可以装得下整个亚洲。

　　畜牧业是人类历史上使用土地面积最多的生产方式，为建立这一超级产业，人类花费了上万年时光。化石研究显示，距今 600 万年前的人类祖先图根原人（Orrorin tugenensis）已经具有食肉迹象 [1]。起先人类（人猿）所食肉类，多半是死尸的腐肉或捕获的小型动物。后来学会制造工具，并点亮"技能树"上的复杂狩猎技巧，例如设置诱捕坑，或驱赶猎物跳下峭壁摔死，大型野兽也被纳入猎捕范畴，可食用肉类的体量与种类日益增加。

〔唐〕韩滉《五牛图》

野兽生息繁殖各有其地域和季节规律，优秀的猎人需要熟悉野兽习性、行踪，带领部落跟踪追逐，随兽群迁徙，改变部落居处。还有些细心的部落成员则开发出了豢养技能，转职为牧人，走上了另一条"练级"之路。事实证明，牧人这一职业前途光明，而古老的猎人，练级练到最后，只有被收缴装备、被迫转型的结局。

人类最初豢养野兽，大概是由于捕猎过剩。大规模狩猎带回过多的猎物，短期无法吃完，最优处理方案是挑选幼崽牧养，以待食物匮乏、幼兽长大后宰杀。时间一长，摸索出若干蓄养经验，牲畜存活率不断提高，甚至养至成年，生下幼崽。有了驯养意识后，人类宰杀动物时就会尽量避开雌兽和幼崽，确保畜群可持续发展。野性难驯、不服从管理的害群之兽被优先宰杀，或者动用"刑具"，诸如套以辔头、挞以鞭笞、牛鼻穿环，以及阉割雄性，抑制其侵略天性。这样一代代遴选下去，动物的行为基因牢牢控制在人类手里，野性基因被斩尽杀绝，由野兽变成家畜，越来越温顺，越来越肥壮，驯化的主体工作便大致完成了。

最先完成驯化、加入人类阵营的野兽可能是狗，其驯养历史长达 1.7 万年左右。绵羊的驯化约在 1.1 万—1.3 万年前 [2]；稍晚，伊朗高原的上古居民驯服了山羊；九千年前，中国人率先驯化了猪。

家牛的最初驯化地区和驯化时间，学界至今仍存有争议，或认为第一批驯化的家牛出现于九千年前的古埃及。此后一千年间，它们跟随人类的脚步，北上进入了新月沃地和欧洲 [3]。在中国，家牛的驯化时间要晚一些，约在距今五六千年前。三代之际，牛犊是最重要的祭祀牺牲。周代高规格的祭品，牛、羊、猪三牲全备，称

为"大牢"，缺少牛为"少牢"，天子祭社稷用大牢，诸侯只能用少牢，故曰"诸侯无故不杀牛"[4]，这是为了避嫌。倘若诸侯无聊手贱，杀了几头牛，事情传出去，不免惹来揣测："你为啥杀牛？是不是想僭越礼制？用大牢祭祀，那还了得？你这是觊觎天子，心怀不臣！为了天子的尊严，大家一起出兵打他！"事情闹到这步田地，有口难辩，损失就无可估量了。所以瓜田李下的诸侯，尽可能约束自己的双手，不去犯贱杀牛。

中国古代史上大多数时期，牛是受保护的，不必像猪羊般整日担心屠刀加颈。而就在礼制即将崩坏，诸侯们把杀牛的禁忌看得越来越无关紧要之时，牛更换了新职业，再一次从屠宰场逃出生天。春秋时期，犁耕作业出现，牛走下庙堂祭祀的供桌，开始替农民打工。牵犁之牛，北方用黄牛，南方用的是三千年前从南亚引进的亚洲水牛。殷墟等遗址虽然也发现过水牛遗骨，但均为业已灭绝的圣水牛，属于野牛，未被驯化，亦不曾用于拉犁[5]。牛被套上犁轭之前，农耕全靠人力，人力有限，难以深耕，土地每耕作两年，就要休耕两年以恢复地力。作为肉体拖拉机，牛身强力壮，可以将犁深深刺入泥土，翻起高养分土层，令休耕时间大幅缩短。战国时代，铁器广泛应用，牛耕效率更高，据后世经验，铁犁牛耕可抵五倍人力，粮食增产，人口增长，文明进步，牛居功至伟。

牛从神圣祭品沦为农民的工具，保守主义贵族意见很大，吐槽说："宗庙之牺，为畎亩之勤"[6]，说牛的地位降低了。不过在牛看来，地位不地位都是浮云，好死不如赖活着，死都死了，再神圣尊荣又有啥用？跟农民搭伙，上上班，出把子力气，活到寿终正寝，无疑比给人高高摆在供桌上要幸福得多。而况封建王朝"国以农为本，农以牛为命"，为保障生产，通常立法禁止杀牛，牛的地位依然鹤立畜群。

保牛护牛的政策，历朝历代宽严不一，相比之下，唐朝限制宽松些，对民间杀牛尤其对上流社会杀牛睁只眼闭只眼，官贵屠牛吃牛，咄嗟立办："洛州司金严升期摄侍御史，于江南巡察。性嗜牛肉，所至州县，烹宰极多。事无大小，入金则弭。凡到处，金银为之踊贵，故江南人谓为金牛御史。"[7]岑参兄弟在京师送王昌龄南下履新，也是杀牛祖饯："何必念钟鼎，所在烹肥牛。"[8]

后来岑参西出玉门，盘桓关外那几年，没少趴在舞池边上看胡姬艳妆娇歌，大快朵颐牛肉：

> 置酒高馆夕，边城月苍苍。
> 军中宰肥牛，堂上罗羽觞。
> 红泪金烛盘，娇歌艳新妆。[9]

动不动就宰牛下酒，且宰的是肥牛，显然非衰老或病死的。唐代流传的一则段子，可见食牛之平常：

> "有士人，平生好吃熬牛头。一日，忽梦其物故，拘至地府丰都狱。有牛首阿旁，其人了无畏惮，仍以手抚阿旁云：'只这头子，大堪熬。'阿旁笑而放回。"[10]

即话说有个"吃货"，平生最喜欢吃炖牛头肉，一天他忽然死了，被鬼卒押入地狱。地狱之中相传有牛头怪司刑，此怪生得人身牛首，恐怖丑恶，堕入地狱的寻常罪人只需看上一眼，便吓得心胆破裂。"吃货"却毫无惧色，伸手抚摸那怪物的脑袋，喜道："这牛头真大，够吃好几顿的。"牛头怪一脑门冷汗："我服了，你快回去吧。"把"吃货"放回了人间。

北宋缺马，朝廷千方百计以茶马互市，从北方换来马匹，为饲养不惜侵夺农田，用以组建骑兵，应付辽、金之患。宋神宗熙宁六年（1073年），朝廷颁行"保马法"，推行民间养马。当是时，北方畜牧的重点是养马而非养牛。南方养牛业虽相对发达些，但平摊到全国，人均耕牛占有率依然偏低，所以宋朝律法大力保护耕牛，多次下诏禁绝屠宰，违者重处。宋真宗大中祥符九年（1016年），降敕"自今屠耕牛及盗杀牛，罪不至死者，并系狱以闻，当从重断"[11]。宋高宗建炎四年（1130年），"诏军民杀耕牛者抵死"[12]。声明凡屠宰耕牛，情节严重者，最高可判极刑，纵不至死，亦需遵行从重原则办理，决不轻恕。峻法当头，宋人可比唐人老实多了，诸如《东京梦华录》《梦梁录》《武林旧事》《都城纪胜》这些详述两宋皇京繁华、缕举市场商品的文献，几不见牛肉。

〔唐〕张萱《虢国夫人游春图》（现存为宋摹本）

　　当然，宋人也不是完全与牛肉无缘，耕牛老死、病死，上报官府后，照例是准许食用的。另外，私下杀牛，还是时有发生。南宋笔记《夷坚志》："绍兴元年，车驾在会稽。时庶事草创，有旨禁私屠牛甚严，而卫卒往往犯禁。"盖物以稀为贵，愈是不许食用，世人便愈加珍视，牛肉价格也就愈高。今人估算，宋代一头牛的市价在五至七贯钱左右，而宰杀一头成年牛，剥肉贩售，可得二十至三十贯钱，获利极厚[13]。有人便打起"险中求富"的主意，如《玉芝堂谈荟》："恩州民张氏以屠牛致富。"事实上朝廷科律虽严，执行起来，总是因各种各样的原因大打折扣。在地方上，除非有人检举，又或盗牛宰杀，官府通常懒得为了几条牛命较真。只有朝廷新颁禁令，地方才出榜晓谕，忙活一阵，屠户们配合长官工作，偃旗息鼓，消停几天。风头一过，上司不再督促，官府放松稽查力度，私屠之风，立时复燃。正因屡禁不止，朝廷才会三令五申，不断下诏，无奈江湖迢远，庙堂隔阂，有司殷殷制定的诸般法令只具约束之功，并无禁绝之力。《水浒传》众家好汉不分何时何地，坐下便喊"切二斤熟牛肉来！"虽是小说笔法，但以宋代私屠之普遍，好汉们大秤分金银之豪阔，几斤牛肉也不是没处买。施耐庵不写猪肉、羊肉，偏写牛肉，料想还有一层意思：侠以武犯禁，官府不许吃的，梁山好汉偏要吃，于口腹细节处，亦可见其反抗精神。好汉既然要吃，酒店又岂敢不卖？

　　在牛肉之前，侠客口中的美食原是狗肉。"仗义每多屠狗辈"，自古市井隐侠，如聂政、樊哙之辈，多为操刀宰狗的屠酤。狗是狼的亚种，是人类最早驯化的动物。

狼性群居，独立捕猎能力有限，落单的孤狼可能会因饥饿跟随人类迁徙，或在垃圾场周围徘徊，寻求人类的食物残渣食用。经数千年甚至万年的漫长相处，两个物种学会了彼此合作，一些攻击性低的狼，褪去野性，逐渐进入人类社会，变成了狗。

〔南宋〕李迪《猎犬图》

先秦古人养狗，不外三种用途，一为守门，二为打猎，三为充庖厨——也就是食用[14]。根据周礼，狗肉规格不低，士以上的贵族才有资格享用。齐景公的狗死了，棺椁盛殓，还准备祭祀，晏婴插嘴说："百姓在外面饥寒冻馁，大王好意思给狗办葬礼？你不怕百姓知道了骂你八辈祖宗，别国诸侯知道了，笑你荒唐无道？"齐景公问："那咋办？"晏婴说："趁新鲜炖了吧。"于是"趣庖治狗，以会朝属"，炖了一锅肉汤，几位大人分着吃了[15]。吃狗高峰出现在战国秦汉，战国时代，礼崩乐坏，老百姓不再理会"庶人无故不食珍"那一套，想吃啥吃啥，羊也吃得，狗也吃得，连守礼的大贤孟子都表示支持："鸡豚狗彘之畜，无失其时，七十者可以食肉矣。"[16]狗肉就此走入千家万户。

历径魏晋动荡，到隋唐，肉食界猪羊争霸的序曲奏响，狗肉地位大跌，成了上不得台盘的东西，正式宴饮、士人阶层不屑为食，俗语有言"挂羊头卖狗肉"，谓以次充好——狗肉为次，羊肉为好。虽说"狗肉滚三滚，神仙站不稳"，民间仍视狗肉为珍味，但随着畜牧业规模扩大，社会对畜类用途的划分日益清晰，传统六畜被分成两大类，赋予更加明确的分工，第一类是工具型牲畜（役畜），第二类是食料型牲畜（肉畜）。前者包括：马，甲兵之本，国之大用，国家重要战略资源，享有最高级别宰杀豁免权；牛，生产贡献远高于食用价值；最后就是狗。士人有意识地将狗从食料型家畜之列析离出来，划入工具型、宠物型一类，与马、鹰、猫之列同，因此表示供人驱使（给人当工具使唤）称"做牛做马""犬马之劳"，而不说"猪羊之劳"。狗的功能明确化，加上专供食用的食料型牲畜——羊、猪、鸡的养殖产能增长，再吃狗就显得饥不择食，成了有失身份的掉价行为，只有不讲究的"粗人"，譬如不守戒律的和尚、游手好闲的无赖，才偷摸着宰条狗解馋，且如俗话所说"关起门来吃狗肉"，不敢大张旗鼓，生怕惹人猜疑耻笑。

而替狗子引开屠刀的猪、羊、鸡，命运则凄惨得多，人类饲养它们目的明确，就是用来吃的。山羊和绵羊，很可能最早驯化于中亚，羊性情温良，易于牧养，中亚的生态环境和气候也适于牧羊。而在中国，8000到1万年前这段时间，华北地区寒冷干燥，华南地区温暖潮湿，都不利于羊的繁殖，因此中国黄河、长江流域，最先壮大的是农耕文明，而非游牧部族。对于农耕文明来说，猪是完美的家畜，一个重要原因是人和猪都是杂食动物，人能吃的，猪基本都能消受。而猪的食域广于人类，厨余渣滓、残羹剩饭，猪来者不拒；食材加工下脚料、糠秕秕麸，猪也不挑。农耕社会养猪，是因利乘便，农民顺便养养，猪也是顺便长长，和谐共生，一点都不勉强。假使游牧部族养猪，那就不方便得紧了。猪体肥腿短，身子蠢重，移动缓慢，性子贪懒，你让它们跟着游牧部族千里辗转，逐水草而居，除非用马车载着，否则驱之不动。但世间岂有用马车搭载牲畜游牧的道理？此外，猪与人类的食域交集广泛，放养猪时，它们会自行觅食野果、根茎类食物、野生谷子、蘑菇等人类可用的食材，与人类形成竞争。牧人费尽力气赶了一天猪，赶不到十里八里，附近可采摘的食物都被猪吃光了，那么人岂不是要饿死？而羊进食的植物，人类大多无法直接食用，不与人类争食，因此游牧部族养羊，成本比养猪低得多。再者，猪的体温调节功能不完善，不宜如牛羊般露天放养。特别是阉割后的猪崽，常因受寒而死，猪圈最好有所遮蔽，以御风寒，所以"家"字的结构，为"豕（即猪）"字之上一片瓦。游牧部族转徙无定，多晓行夜宿，若每天晚上都要替猪群搭圈，非活活累死不可。而在定居的农耕社会，养猪人家时间充裕，大可妥善营造猪舍。猪粪则是优质的有机肥料，大益稼穑，也是农耕助力。猪舍常建于厕邻，方便收集肥料，表示厕所的"溷"字，左边为水槽，右边为猪圈，正是当时建筑布局的形象还原。

〔唐〕阎立本《职贡图》

现代家猪由野猪驯化而来，从目前的考古资料看，中国和土耳其可能分别是亚洲、欧洲家猪的起源中心[17]。中国人养猪的历史不短于九千年[18]，甲骨文有两个字用来表猪，家猪叫"豕"，野猪叫"彘"，彘字从互，从二匕，互（jì）表示猪头，两个匕字表示猪脚，二匕间的矢字，意为箭矢射杀了野猪[19]。后来野猪日益少见，彘也逐渐用于指代家猪。

近万年的饲养改变了猪的骨骼和体态。最初的亚洲野猪，出于拱土觅食和搏斗需要，前躯强壮而长，占身体全长70%。人类并不希望猪长成这么一副攻城锤的模样，根据人类的需求，猪头越小越好，身体越肥越好，在人类的干预下，原始家猪前躯渐趋缩短，占比下降到50%左右；演变到现代家猪，前躯只占全身三成。猪增肥的同时，地位也在提升，周代"诸侯无故不杀牛，大夫无故不杀羊，士无故不杀犬豕"，猪狗平级，低于牛羊。战国以后，人口增长，农耕经济扩张，大批天然草场垦为农田，留给马、牛、羊的牧养空间，要么被挤到穷荒绝徼、边鄙之地，要么被农田割得破碎，逼进山野。中原民间仅剩下零零星星的人放牛放羊，执鞭者多为女性、老人和孩童，放牧之地，都是禾稼不植的荒郊山林而已。猪则随着农耕版图扩张，数量稳步增长。汉代，猪晋升为首席肉畜，肉食地位弯道超车，压羊一头。《齐民要术》举两汉循吏教民治生，唯言蓄养鸡豚，未及犓羊，显示了彼时农家畜牧以猪、鸡为主。

好景不长，猪的领先优势随着大汉王朝的崩解荡然无存。汉末魏晋连绵百年的战火烧得畎亩荒芜，千里膏田化为蔓草榛莽，农耕经济损失惨重。野草疯长，却为牛、马、羊的放牧提供了草场。东汉末年，群雄争霸，帝国人口由鼎盛时期的6000万骤降至2200万左右，减损高达60%[20]。人口锐减，大片土地闲置，正好拿来养马放羊。随后两晋六朝，塞北游牧部族席卷南下，尽夺中原之地，他们的生产习惯不似汉人重农抑牧，在他们手里，北方畜牧经济迅速发展。以黄土高原为例，秦汉之际"关中自汧、雍以东至河、华，膏壤沃野千里，自虞夏之贡以为上田"[21]，拓荒耕垦，农田蔓延；到了南北朝，"登陇东望秦川，四五百里，极目泯然，墟宇桑梓与云霞一片"[22]，农田萎缩，林木草场重新占领生态高地，这些地区顺理成章地被改造成了游牧区。北魏，关中官营牧场甚至向东延伸至华北平原。伴随着沧海桑田式的农牧区域伸缩，养羊规模急剧扩大，北方游牧民族入主中原后，食羊之风兴起，猪肉无力为抗，肉食老大的位子再度为羊所夺。

那时候长江以北，一派膻气，翻看《齐民要术》《四时纂要》之类农书，当时书页之间遗留的羊肉味道兀自扑面。《齐民要术》的作者贾思勰本人就养了两百多只羊，他在书中论述畜牧技术头头是道，实际操作时，却因越冬饲料准备不足，饿死过半。虽然他微笑着表示"三折肱知为良医""亡羊补牢，未为晚也"，心里毕竟还是极度不爽。

　　至于江南士族，拼死抵抗胡马窥江之余，也在固守传统食俗的尊严。时南北饮食之异，一言以蔽，可道"南鱼北羊，南茶北酪"。顺便说一句，此酪并非牛乳之酪，而是羊奶酪。羊肉、羊酪皆膻，吃惯千里莼羹，以清尚自诩的江南名士，乍逢此味，多半消受不来。南齐王肃，东晋丞相王导之后，仕齐为秘书丞。永明十一年（493年），王肃父兄并为齐武帝萧赜所杀，遂奔北魏，得孝文帝器重，拜尚书令、顾命大臣，尚陈留长公主。王肃初到魏境那会儿，苦于饮食，嗅到奶酪气味便欲呕吐，日常所设，仍是南方的鲫鱼、稻米。同僚都在喝奶，只有王肃抱着个茶壶咕咕痛饮，而且特别能喝，一次能喝一斗，同僚都管他叫"漏壶"。孝文帝知道他吃不惯北地味道，轻易不召他与宴，省得他难堪。转眼数年过去，王肃的官儿越做越大，有些宴会场合非他出席不可。一日殿会，席间上了羊肉、酪粥，王肃眼也不眨，摧山倒海，连吃几大碗。孝文帝坐在上面看着，十分诧异，问道："王卿家以前可是从来不吃这些东西的，怎么样，羊肉的味道比之鱼羹如何，酪浆比之茗茶如何？"王肃看看从皇上到诸位同僚满脸期待的样子，哪里敢说羊肉不好，道："羊是陆产之最，鱼乃水族之长，各有千秋。比方来说，羊好比齐鲁大邦，鱼则似邾莒小国。至于茶叶嘛，嗯，只有给奶酪作奴才的份儿。"孝文帝见王肃彻底"北化"，言语中又把南朝比作小国，欣慰大笑。彭城王元勰从旁道："然则王大人以前为何不重齐鲁大邦，而爱邾莒小国？"王肃道："家乡习尚如此，不得不好。"元勰道："王大人明天有暇，奉屈小酌，本王请你吃邾莒之食，还有'酪奴'。"从此北方人便称茶叶为"酪奴"了[23]。

〔北宋〕苏汉臣《开泰图》

美食有如爱情，有的目成心许，一见钟情；有的初见未必入眼，相处日久，方知贴心。王肃由拒绝到"真香"，深深爱上羊肉，归根结底，总是羊肉美味的缘故。古人造字，不吝对羊肉溢美，诸如"羊"加"鱼"为"鲜"；"羔"加"美"为"羹"。"羔"是小羊，那么大羊用哪个字表示呢？答案是"美"字。"美"字拆分开来，便是"羊"和"大"字，《说文解字》："美，甘也，从羊从大。羊在六畜，主给膳也。"宋人徐铉作注，直言"羊大则美"，王安石作《字说》，解"美"字亦作"羊大为美"。你要问这些学者："觉得很美是怎样的体验？"他们会很直接地告诉你："谢邀（感谢邀请回答），就是吃肥羊时的感觉。"不过表示小羊的"羔"字后来被用于詈语，与"美"字的境遇，天壤云泥，恐怕造字者都始料不及。

王肃愉快地被羊肉折服，还趁机拍了把马屁，拍得皇上龙颜大悦，缓和了同事们的文化歧视，可谓因羊得福，这就是"口之于味，有同嗜焉"的附加惊喜了。其实比王肃所处时代稍前，有位前辈先他一步，走过一波更强势的羊肉运，以区区一碗羊肉汤，绝地反击，实现了由朝不保夕的战俘到极品武臣的人生大逆转，此人就是东晋毛修之。毛修之与王肃一样，也是北渡之臣，不过他并非自愿投靠，而是被俘入北朝的。东晋义熙十四年（418年），毛修之镇戍关中，遭胡夏赫连勃勃击破生擒。十年后，北魏破夏，毛修之颠沛流离，又转入北魏。他在晋时就精于烹调，滞留北方十年，更是将南北厨艺融会贯通，自成家数。入魏不久，因缘际会，毛修之得到了一个为尚书烧菜的机会，他拿出全副本事，煮了一道羊羹，尚书一尝，惊为绝世至味。这尚书忠心得很，有好吃的不肯独享，颠颠地把毛修之给太武帝拓跋焘送了去。拓跋焘吃了毛修之做的"南派"羊肉，龙体一颤，宛如一道光芒照进生命，眼前豁然打开了一个崭新的世界，当即把毛修之留在朝班，授太官令，专门替皇上做饭。后来毛修之的军事才能慢慢显现，拓跋焘不肯埋没将才，准其领兵出征，毛修之数度讨击柔然、北燕，战功卓著，累迁尚书、抚军大将军，赐爵南郡公。回想昔日南冠楚囚的惨淡光景，而今位极人臣，人生浮沉，恍如一梦。为此，他不敢须臾或忘初心，时时手自煎调，亲自下厨庖治美食给皇上解馋，拓跋焘也始终善待有加，恩遇荣宠，永锡不匮[24]。

有人吃羊肉吃出"大礼包"，就有人吃出"炸药包"。"炸药包"埋藏的年代普遍比较久远，一则见于《左传·宣公二年》：

"二年春，郑公子归生受命于楚，伐宋。宋华元、乐吕御之……将战，华元杀羊食士，其御羊斟不与。及战，曰：'畴昔之羊，子为政；今日之事，我为政。'与入郑师，故败。"

这是个悲惨的故事，郑国公子归生受命于楚，攻打宋国，宋国的华元率兵迎战。开战之前，为鼓舞士气，华元杀羊犒军，每位将士都发了一大块羊肉，唯独忘了发给替他驾车的御手羊斟。羊斟当时也没作声，等到开战后，才阴恻恻地道："那天发羊肉是你做主，今天战事的胜负，可就归我做主了！"不由分说，扬鞭一击，驾着华元所乘的战车直入郑国军阵。宋军就这样离奇地失去了主帅，无人指挥，一败涂地。后人还持续鞭尸，把此事刻在汤匙上，说是"羊羹不遍，驷马长驱"，告诫人们发福利前务必做好统计工作，别漏下哪位同志。

可惜这种汤匙量产太晚，战国时代的中山国君不曾见过，否则他的悲剧大可避免。《战国策·中山策》：

"大夫司马子期在焉。羊羹不遍，司马子期怒而走于楚，说楚王伐中山，中山君亡。有二人挈戈而随其后者，中山君顾谓二人：'子奚为者也？'二人对曰：'臣有父，尝饿且死，君下壶飧饵之。臣父且死，曰："中山有事，汝必死之。"故来死君也。'中山君喟然而仰叹曰：'与不期众少，其于当厄；怨不期深浅，其于伤心。吾以一杯羊羹亡国，以一壶飧得士二人。'"

是说中山国君请士大夫们吃饭，给所有人上了一份羊肉汤，单单漏掉了司马子期。老实说，这种失误，后勤人员难辞其咎，不该把锅扣到国君头上，可是司马子期不管："你身为国君，我这儿少一份你看不见？分明是有意羞辱我！不给我喝羊肉汤是吧，那就打翻狗食盆，大家都别喝！"冲冠一怒，跳槽去了楚国，说动楚王出兵。有他这个知根知底的叛臣襄助，楚军势如破竹，直抵王城，中山君对付不了，弃国流亡。后来获悉原委，重臣叛逃、国破家亡，竟然是因为区区一碗羊肉汤，不胜慨叹："吃货"的怨念，强大如斯！

先秦羊肉占一个"贵"字，魏晋羊肉占一个"多"字，所以先秦人请客吃羊，一旦"不遍"，向隅者总是引以为奇耻大辱，仿佛被当众嘲讽"不配吃高级货"似的。这种情形，在魏晋时期失去了存在基础，盖魏晋羊胜于猪，是指数量规模，而非地位。相反，由于稀缺，南方那些吃不来羊肉的贵族，分外贪惜猪肉。东晋王朝初代老板晋元帝司马睿称帝前，镇守建业，财用不足，穷得连头猪都搞不到，长年累月不知肉味，偶尔弄来一头，衙府上下兴奋得跟过年似的。当时认为，猪颈上的一块肉味道最好，朝士们馋则馋矣，谁也不敢取来打点口舌，必须给司马睿留着，人称"禁脔"。后世谓他人不得染指之物为禁脔，即从此典：

"元帝始镇建业，公私窘罄，每得一豚，以为珍膳。项上一脔尤美，辄以荐帝，群下未尝敢食，于时呼为'禁脔'。"[25]

猪寡羊多，食羊之风自厚，这股风气一直延及唐宋。唐朝官牧规模惊人，玄宗天宝十三载（754 年）的一份官营牧场畜群清点报告显示，仅陇右一地，养羊数量便达二十四万四千头[26]。唐朝皇帝手里资源丰富，博硕肥腯，腰杆子挺得笔直，就比司马睿大方多了，不但不护食，还天天给臣工发羊。《唐六典》：

"凡朝会、燕飨，九品以上并供其膳食……（左、右厢南牙文武职事五品以上及员外郎供馔百盘，余供中书、门下供奉官及监察御史，每日常供具三羊，六参之日加一羊焉。行幸从官供六羊，释奠观礼具五羊。）"
"凡亲王以下……（每月给羊二十口、猪肉六十斤、鱼三十头。）"

是说朝廷每月按官员品秩发给廪禄，五品以上均提供肉料。二品以上大员，上至亲王，每月能领取二十腔羊、六十斤猪肉和三十条鱼，三品以下官员，只发羊肉，不发猪肉。由福利内容配比看得出当时关中京畿几种食物资源的丰俭：秦川内陆，鱼类匮乏，因此发放的数量偏少，自不消说；猪肉也不充裕，以亲王之尊，每个月竟发不到一头；最不缺的就是羊，一发发一群，王爷们须带了羊倌赶回府去。长安城大街上，常年可见王府队伍浩浩荡荡：前面导骑喝道，中间王爷鲜衣怒马，最后跟着一群羊，招摇过市，蔚为奇景。当然，王府开支庞大，区区二十头羊，定不敷用。史书举了个例子，昭义节度使的家庭厨房"月费米六千石，羊千首，酒数十斛"[27]，二十头羊，不到一天便吃光了，抵得什么用。

北宋皇室，因循唐风，犹有过之。唐朝皇帝不见得摒弃猪肉，北宋御厨，却唯庖羊肉："御厨不登彘肉"[28]"饮食不贵异味，御厨止用羊肉，此皆祖宗家法，所以致太平者"[29]。原来御厨偏废，皇上偏食，是受制于祖宗家法之故。家法连吃啥都要过问，实在奇葩，大概赵宋祖宗担心后嗣侈汰，净去搜罗些什么龙肝凤髓、猩唇豹胎，靡费民膏，干脆定下规矩，只许取当时最便宜的羊肉为食。想吃龙肝凤髓？趁早死了这份心，老老实实给我把心思专注在朝政国事上吧！只是皇室专逮着一种动物薅，消耗不免极巨，《续资治通鉴长编》载，宋真宗朝"御厨岁费羊数万口"，北宋孔平仲《孔氏谈苑》提供了更详细的数字："（御厨）先日宰羊二百八十，后只宰四十头。"宋神宗熙宁十年（1077 年），御厨年耗羊肉四十三万斤之巨，与之相比，猪肉仅用了四千一百斤，不到羊肉的百分之一[30]。为供应御用，朝廷特置牛羊司，于河南、陕西水草丰美之地开辟放牧基地，替皇家牧牛喂羊，以充祭祀和御厨烹宰。宋仁宗朝，仅陕西一地的皇家牧场，存栏之羊即达 1.6 万头[31]，整个系统的豢养体量可想而知。

上之所好，下必从之。皇上被祖宗家法约束着，没办法才成天吃羊。臣工为了思想行动与皇上保持高度一致，也多半罢黜百畜，独尊美羊。而老百姓不明白这些弯弯绕绕，眼见上流社会兴吃这个，心想咱们赶潮流也好，随大流也好，跟着皇上走也好，总不会错吧。于是膻鲜之气，鼓荡海内，锦街天陌，花前月下，遍地羊骨头。《水浒传》里西门庆垂涎面食巨头武老板的妻子，吐槽说"好块羊肉，怎地落在狗口里！"而不说"好块猪肉，怎地落在狗口里"，正是世人好尚羊肉的反映。北宋承唐旧例，保留了给官员发羊的制度，由于消耗太大，官府每年需从民间大量收购，输往京师，进一步刺激了养殖。两宋民间养羊产业相当发达，《天龙八部》里乔峰对阿朱吐露心愿，说希望有一天再也不理江湖仇杀，远离武林，放牛牧羊。此愿此景，实为宋代平民生活写照。

中国人认为羊肉温补，北宋官修《政和本草》，将羊肉、人参并论，说"人参补气，羊肉补形"，食之可补中益气，强身健体，真是广大年老体弱者的福音。苏东坡对此深有体会，他晚年（五十八岁）谪居广东惠州，那时的岭南，山陬海澨，边远穷僻，苏东坡被发配至此，原是政敌的折磨手段。然而苏东坡这人，天性达观，横逆之来，泰然处之，永远不会沮丧，生命永远勃发着灿烂的光芒，不论流落何处，总能找到乐子，尤其是能找到好吃的东西，俨然是台"人形自走美食雷达"：

> "惠州市寥落，然每日杀一羊，不敢与在官者争买。时嘱屠者买其脊，骨间亦有微肉，熟煮熟漉，若不熟，则泡水不除，随意用酒薄点盐炙微焦食之。终日摘剔，得微肉于牙綮间，如食蟹螯。率三五日一食，甚觉有补。子由三年堂庖所食刍豢，灭齿而不得骨，岂复知此味乎！此虽戏语，极可施用，用此法，则众狗不悦矣。"[32]

意指惠州商业萧条，市集每天仅宰得一口羊。苏东坡同那些屠户很熟络，知道最肥美的部分须留给当地的实权官员，他也不去计较争衡，只嘱咐屠户给他留些羊脊，也就是羊蝎子，拿回家炖食。说起煮羊肉，苏东坡得意洋洋地自称别具心得，他的《格物粗谈》论列生活小窍门，便有一段谈到核桃与羊肉同煮，可以去膻：

> "先将羊肉放在锅内，用胡桃二三个带壳煮三四滚，去胡桃，再放三四个竟煮熟，然后开锅，毫无膻气。将胡桃敲开，则臭不可当。"

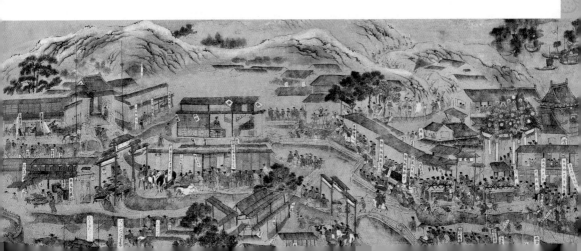

是说羊蝎子炖熟，啃过一遍，骨缝间零星微肉不能吃尽，便淋酒撒盐，烤至焦香，拿在手上细挑慢剔，一剔能剔上一整天，这才是"有灵魂"的羊肉吃法，愉心悦形，其乐无穷。他打比方说玩弄羊骨"如食蟹螯"，像嗑蟹爪般费事，而"三五日一食，甚觉有补"，跟今人吃羊蝎子每言贴秋膘、补身子俨然口气一致。吃饱还不忘顺便揶揄弟弟苏辙，说他家厨房烧菜，从来有肉无骨，啃羊蝎子的乐趣，他是无缘体验的。只不过骨头啃得太干净，致"众狗不悦"，狗子们不乐意了。

　　建炎南渡，帝国丢掉了最适宜牧羊的北方半壁。南宋初，大批北人南下，江南羊肉市价腾贵，涨至九百钱一斤，漫说藜藿小民，就是中低层官吏也无力消受，地方长官甚至视下属是否买羊肉为廉贪考绩标准[33]。幸好浙江嘉兴、湖州等地很快繁育了一种从北方引入的绵羊，时称"湖羊"，每天装船运往临安，肉价稍稍平抑。杭嘉湖平原河网密布，不具备大面积草场的条件，小桥流水人家，养鱼得天独厚，牧马放羊，肯定不及"碧草千里铺郊畿"的关陇河洛。是以南宋羊肉产量规模，终究远逊北宋，官贵益发珍视，皇上赐宴，辄以羊肉为大菜。隆兴元年（1163年），宋孝宗留名臣胡铨吃便饭，使潘妃唱曲劝酒，先赐蚌肉熬制的八宝羹点心，继而上正菜，是鼎煮羊羔、胡椒醋子鱼（鲻鱼）、明州虾鳙、胡椒醋羊头珍珠粉，以及炕羊炮饭，胡铨吃羊肉吃得舒爽，还饶有兴致地跟皇妃对饮了几杯[34]。官场设馔，也视羊肉为贵，南宋士人钦崇苏轼，相信只要把苏轼的诗文研读精熟，就有登科进仕之望，时谚云："苏文熟，吃羊肉；苏文生，吃菜羹。"[35] 寒士赴考，名落孙山，继续苦哈哈地吃菜羹；青云得意，袍笏加身了，才有钱买羊肉，吃羊肉无异于做官的象征。

　　羊肉不够，猪肉来凑，屈居羊下近千年，猪肉终于等到了羊肉势力衰退的这一

〔明〕仇英《南都繁会图》局部

天。实际上因世人好食羊而轻猪，两宋时猪肉一直比羊肉便宜。苏东坡逗留黄州之际，便指出当地富室不屑食猪，而百姓不懂食猪，致猪肉贱如泥土。这倒便宜了苏东坡，每天打一碗猪头肉，吃得嘴角流油[36]。宋徽宗朝吏部尚书虞策之女，生在富贵之家，不吃猪肉，后来嫁入寒室，兀自挑食，大伯子说道："吾家寒素，非汝家比，安得常有羊肉？盍随家丰俭勉食之。"[37] 长安民俗轻猪更甚，向例猪肠不入厨灶，只配喂猫，一方面西北内陆，猫咪吃不起小鱼干，另一方面也着实见得猪肉寒贱[38]。平民、奴仆，又或不守清规戒律的出家人，是猪肉的主力消费人群。前章提到，北宋大相国寺有个僧人，猪肉烤得极好，而像这样的酒肉和尚实在不少：

"王中令既平蜀，捕逐余寇，与部队相远，饥甚，入一村寺中。主僧醉甚，箕踞。公怒，欲斩之，僧应对不惧，公奇而赦之，问求蔬食。僧曰：'有肉无蔬。'公益奇之。馈之以蒸猪头，食之甚美，公喜，问：'僧止能饮酒食肉耶，为有他技也？'僧自言能为诗，公令赋食蒸豚诗，操笔立成，曰：'嘴长毛短浅含膘，久向山中食药苗。蒸处已将蕉叶裹，熟时兼用杏浆浇。红鲜雅称金盘荐，软熟真堪玉箸挑。若把膻根来比并，膻根只合吃藤条。'公大喜，与紫衣师号。东坡元佑初见公之玄孙讷，夜话及此，为记之。"[39]

是说宋初大将王全斌讨平后蜀，亲率轻骑一部追剿余寇。既是追击部队，辎重所带有限，伙夫也留在大部队，不曾随行。追了半天，王全斌饥火升腾，见荒村之畔一座破庙，寻思且打个尖再走。进庙一看，庙里倒是有个和尚，浑身酒气，乜斜着一双醉眼，大大咧咧坐在那里，见了长官也不招呼，也不奉承。王全斌瞧着来气，喝令左右拉出去斩了。那和尚毫无惧色，王全斌大奇，一生戎马的职业军人听到要砍头尚且害怕，这和尚全不畏死，倒是条硬汉，一时起了爱惜之意，不舍得杀。因命和尚安排菜蔬饭食果腹，和尚道："没有菜蔬，只有酒肉。"王全斌益发好奇。少顷，和尚蒸了一锅猪头肉捧将上来，王全斌一尝，大赞好吃，问道："你这和尚有趣得紧，除了喝酒吃肉，还有什么本事？"和尚自谓能作诗，王全斌便令他以"吃蒸肉"为题赋诗一首。和尚从从容容，一挥而就，诗曰："嘴长毛短浅含膘，久向山中食药苗。蒸处已将蕉叶裹，熟时兼用杏浆浇。红鲜雅称金盘荐，软熟真堪玉箸挑。

若把膻根来比并，膻根只合吃藤条。"王全斌览诗大喜，赠以"紫衣法师"之号。

两宋的养猪规模不在养羊之下，北宋东京，每天从早至晚，数以万计口猪涌入南薰门，作为这座人口逾百万的超级城市一日之粮[40]。但猪肉的消费阶层始终不高，宋仁宗朝宰相晏殊写给其兄的一封手帖提道，他给家仆发放薪水，保证他们平均每隔两天吃上一顿猪肉，表示这是约束仆人俭省开销的理财办法。宰相家奴七品官，相府婢仆，生活较一般下人优渥，不过《能改斋漫录》作者吴曾将此事列入"节俭"一类，意思是即使仆从厮役，两天吃一顿猪肉也已算非常俭约，那么殷实人家，顿顿有肉，殆非不能。

南宋羊退猪进，士人逼于无奈，开始尝试猪肉，慢慢发现猪肉之美，陆游《蔬食戏书》："东门彘肉更奇绝，肥美不减胡羊酥。"都城临安，满大街的猪肉铺子，开一家火一家，每天宰上几百头猪，稀松平常。主顾买肉买骨头，尽可指定部位，也可唤刀手代为切条、切丁、切臊子，只要别学鲁提辖"调戏"镇关西那样，没完没了地提要求，肉铺通常不致违拗：

"杭城内外，肉铺不知其几，皆装饰肉案，动器新丽。每日各铺悬挂成边猪，不下十余边。如冬年两节，各铺日卖数十边。案前操刀者五七人，主顾从便索唤切。且如猪肉名件，或细抹落索儿精、钝刀丁头肉、条撺精、窜燥子肉、烧猪煎肝肉、膂肉、蔗肉。骨头亦有数名件，曰双条骨、三层骨、浮筋骨、脊龈骨、球杖骨、苏骨、寸金骨、棒子、蹄子、头大骨等。肉市上纷纷，卖者听其分寸，略无错误。至饭前，所挂之肉骨已尽矣。盖人烟稠密，食之者众故也。更待日午，各铺又市熬曝熟食：头、蹄、肝、肺四件，杂蹄爪事件，红白熬肉等……坝北修义坊，名曰肉市，巷内两街，皆是屠宰之家，每日不下宰数百口，皆成边及头蹄等肉，俱系城内外诸面店、分茶店、酒店、犯鲊店及盘街卖熬肉等人，自三更开行上市，至晓方罢市。"[41]

中国历史上，猪肉两度失势，均拜胡马南牧之赐。公元1279年，陆秀夫背负幼帝，崖山一跃，熠熠大宋，随雨打风吹去。取而代之的元朝，带来了食唯羊酪的风尚，新帝国贯通南北，北方草场资源重新面向江南开放共享，受西域文化输入影响，猪肉

[南宋] 赵伯骕《番骑猎归图》

地位一落千丈。元朝人放怀食羊，他们计量羊肉的单位，不用斤两，用的是"脚子"。脚子是个约量词，一脚子等于四分之一口羊，下馆子点菜，不说"小二，切二斤羊肉"，直接喊"小二，烤半只羊！"那句著名俗语"羊肉不曾吃，惹得一身骚"正是元朝人的口头禅[42]。贵族嗜羊甚至到了偏执的地步，从成吉思汗建立蒙古，设"全羊乌查之宴"大飨功臣[43]，几乎每道菜都有羊肉的影子。包饺子用羊肉：

"水晶角儿：羊肉、羊脂、羊尾子、葱、陈皮、生姜各切细，上件，入细料物、盐、酱拌匀，用豆粉作皮包之。"[44]

包子用羊肉：

"天花包子：羊肉、羊脂、羊尾子、葱、陈皮、生姜各切细，天花滚水烫熟，洗净，切细，上件，入料物、盐、酱拌馅，白面作薄皮，蒸。"[44]

馒头用羊肉：

"茄子馒头：羊肉、羊脂、羊尾子、葱、陈皮各切细，嫩茄子去瓤，上件，同肉作馅，却入茄子内蒸，下蒜酪、香菜末，食之。"[44]

连鱼丸都是羊肉做的。将十尾大鲤鱼去皮剔刺，剁去头尾，加入羊尾两个。姜末一两、葱末二两、陈皮末三钱、胡椒末一两、阿魏两钱，拌剁烂的鲤鱼和羊尾成馅儿，搓丸子油炸：

> "鱼弹儿：大鲤鱼十个，去皮、骨、头、尾，羊尾子二个，同剁为泥，生姜一两，切细，葱二两，切细，陈皮末三钱，胡椒末一两，哈昔泥二钱。上件，下盐，入鱼肉内拌匀，丸如弹儿，用小油炸。"[44]

下酒菜更不必说。煮熟的羊腿肉和肋排，裹以豆粉、面粉、藏红花、栀子花、盐、调料的面糊油炸，叫作姜黄腱子：

> "羊腱子一个，熟羊肋枝二个，截作长块，豆粉一斤，白面一斤，咱夫兰二钱，栀子五钱。上件，用盐、料物调和，搭腱子，下小油炸[44]。"

羊肉、羊尾，细剁，同鸡蛋、生姜、葱、陈皮、大料、豆粉、面粉、藏红花、栀子和匀，充入羊肠，煮熟切段，挂糊油炸。成品形状似鼓，故名"鼓儿签子"：

〔南宋〕李迪《春郊牧羊图》

> "羊肉五斤，切细，羊尾子一个，切细，鸡子十五个、生姜二钱、葱二两，切，陈皮二钱，去白，料物三钱。上件，调和匀，入羊白肠内，煮熟切作鼓样，用豆粉一斤，白面一斤，咱夫兰一钱，栀子三钱，取汁，同拌鼓儿签子，入小油炸。"[44]

元朝人的茄盒，制法别致，白茄多枚，去蒂剜瓤，先蒸后炸，炸至金黄。精羊肉切臊子、松仁、生姜、葱、橘丝细细切碎，拌以盐、酱、醋，炒熟，取几枚茄子研磨成泥，同肉馅和匀，填进空茄子，蘸蒜泥供食：

"油肉酿茄：白茄十个去蒂。将茄顶切开剜去瓤。更用茄三个切破与空茄一处笼内蒸熟取出。将空茄油内炸得明黄漉出破茄三个研作泥。用精羊肉五两切臊子。松仁用五十个切破。盐酱生姜各一两。葱橘丝打拌。葱醋浸用油二两。将料物肉一处炒熟。再将茄泥一处拌匀。调和味全。装于空茄肉供蒜酪食之。"[44]

连印度菜传入，材料也被元朝人改成了羊肉：

"撒速汤，系西天茶饭名，治元脏虚冷，腹内冷痛，腰脊酸疼。羊肉二脚子，头蹄一副、草果四个、官桂三两、生姜半斤、哈昔泥如回回豆子两个大。上件，用水一铁络，熬成汤，于石头锅内盛顿，下石榴子一斤，胡椒二两，盐少许，炮石榴子用小油一杓，哈昔泥如豌豆一块，炒鹅黄色微黑，汤末子油去净，澄清，用甲香、甘松、哈昔泥、酥油烧烟熏瓶，封贮任意。"[45]

羊肉以草果、官桂、生姜、阿魏熬成汤，加石榴籽、胡椒和盐调味，最后用甲香、甘松、阿魏、酥油熏灼，收贮密封，不知是什么古怪味道。

天下大势，猪久必羊，羊久必猪。明代正德以后，养猪业全面恢复，猪肉终成中国人首选肉食，获得"大肉"称号，地位稳固，迄今不替。

 注释

［1］Brigitte Senut and Martin Pickford and Dominique Gommery and Pierre Mein and Kiptalam Cheboi and Yves Coppens. First hominid from the Miocene (Lukeino Formation，Kenya)[J]. Comptes Rendus de l'Acad é mie des Sciences – Series IIA – Earth and Planetary Science，2001.

［2］Krebs B R E，Krebs C A. Groundbreaking scientific experiments，inventions，and discoveries：the ancient world[J]. 2018.

［3］Beja-Pereira A，Caramelli D，Lalueza-Fox C，et al. The origin of European cattle：Evidence from modern and ancient DNA[J]. Proceedings of the National Academy of Sciences，2006.

［4］《礼记·王制》。

［5］刘莉，杨东亚，陈星灿. 中国家养水牛起源初探 [J]. 考古学报，2006（2）：141-178.

［6］《国语·晋语》。

［7］〔唐〕张篙《朝野金载》。

［8］〔唐〕王昌龄《留别岑参兄弟》。

［9］〔唐〕岑参《武威送刘单判官赴安西行营便呈高开府》。

［10］〔北宋〕《太平广记》引《大唐传载》。

［11］〔南宋〕李焘《续资治通鉴长编》。

［12］〔南宋〕李心传《建炎以来系年要录》。

［13］胡建华. 宋代城市副食品供应初探 [J]. 河南大学学报（社会科学版），1993(4)：44-48.

［14］〔唐〕孔颖达疏、陆德明释文《礼记注疏》。

［15］《晏子春秋》。

［16］《孟子·梁惠王上》。

［17］Fang M，Andersson L.Mitochondrial diversity in European and Chinese pigs is consistent with population expansions that occurred prior to domestication[J]. Proceedings of the Royal Society B：Biological Sciences，2006.

［18］李相运. 家猪的起源和驯化 [J]. 畜牧兽医杂志，1998（3）：16-18.

[19]〔清〕段玉裁《说文解字注》。

[20]葛剑雄《中国人口发展史》。

[21]〔西汉〕司马迁《史记·货殖列传》。

[22]〔南朝宋〕郭仲产《秦州记》。

[23]〔北魏〕杨衒之《洛阳伽蓝记》。

[24]《宋书·毛修之传》，《魏书·毛修之传》。

[25]《晋书·谢混传》。

[26]《册府元龟》。

[27]《新唐书·郗士美传》。

[28]〔北宋〕陈师道《后山丛谈》。

[29]〔南宋〕李焘《续资治通鉴长编》。

[30]《宋会要辑稿》。

[31]〔北宋〕欧阳修《河北奉使奏草》。

[32]〔北宋〕苏轼《仇池笔记》。

[33]〔南宋〕洪迈《夷坚丁志》。

[34]〔南宋〕胡铨《经筵玉音问答》。

[35]〔南宋〕陆游《老学庵笔记》。

[36]《苏轼全集·猪头颂》。

[37]〔南宋〕洪迈《夷坚丙志》。

[38]〔南宋〕周辉《清波杂志》。

[39]〔北宋〕释惠洪《冷斋夜话》。

[40]〔南宋〕孟元老《东京梦华录》。

[41]〔南宋〕吴自牧《梦粱录》。

[42]语出元代施惠《拜月亭记》，原句作"羊肉馒头不吃得，空教惹却一身膻"。

[43]《蒙古秘史》。

[44]〔元〕忽思慧《饮膳正要》。

[45]〔元〕《居家必用事类全集》。

唐宋用餐指南

史学家陈寅恪先生说："唐代之史可分前后两期，前期结束南北朝相承之旧局面，后期开启赵宋以降之新局面，关于政治社会经济者如此，关于文化学术者亦莫不如此。"[1] 近代学界亦流行"唐宋变革论"的说法，指出中国历史由中古（晋唐）迈入近古（宋元明清）之际，发生了一系列划时代的变革，包括政治、经济、思想、社会组成和阶级构成这些荦荦大端，也包括填充于历史间隙，琐细丛残的文化习惯，例如餐制。

中国传统餐制，经唐宋之转捩，摆脱了上古形影，演进为现代人熟知的模样：跽坐藉席的就餐姿势，变成了高坐椅杌，据桌而食；每人一份的分餐制，变成了熙熙融融的会餐制；日进两餐的生活，被三餐制取代。假使唐前的古人，比方说先秦贵族，一脚踩进时空隧道，被丢到唐宋下馆子、串门吃饭，面对异样的用餐规矩，不免大发其懵，不知所措。这时候，一份"唐宋用餐指南"，或许可以帮助穿越者们融入当下社会，保住穿越的秘密，同时搞清楚千百年来餐制嬗变的来龙去脉。

吃饭规矩巨变，穷源竟委，要从家具进化谈起。先秦时候，居室无桌无椅，那时的古人，来来去去只有几种姿势，要么站着，要么躺着，要么跽坐，也就是跪坐在脚后跟上，这是标准坐姿。"礼不下庶人"，平民百姓总算自在些，可以蹲和箕踞——叉开两腿坐着。在大部分士人看来，这两种姿势轻慢不得体，坐没坐相，有失教养，是不屑为之的。至于伏案而憩、跷二郎腿，以及歪倒在沙发上的"生无可恋躺"，种种高足坐具出现后才演生出的坐姿，就更谈不上了。严格来说，歪着也不是不可以，跽坐双膝触地，标准坐姿更要求上身保持挺直，久坐必然疲惫，这时可在身旁设一小几，微微凭靠休息，谓之"凭几""隐几"。但其倾侧程度有限，毕竟远不如歪在沙发上，四体呆滞来得惬意。

除了凭几，缓解膝盖压力最有效的办法是在地上多铺几层席子。席子有上下之分，"铺陈曰筵，藉之曰席"[2]，下层铺于地面的叫作"筵"，上层直接跪坐的称为"席"。筵多为竹、蒲、苇制，质地较粗，不及席柔软。筵长而席短，席专供坐，筵则兼具承物功能，饭菜酒食，皆置筵上，是故宴席又称筵席，酒宴也叫酒筵。曹植《名都篇》状写筵宴情形：

脍鲤臇胎虾，炮鳖炙熊蹯。
鸣俦啸匹侣，列坐竟长筵。

曹植和他的少年匹侣席地而坐，鲤鲙、虾仁羹、寒鳖以及烤熊掌杂陈面前。由于筵只是一层薄薄的竹席，这些珍馐跟摆在地上没什么分别。古典小说常言"摔杯为号"，之所以用个"摔"字，就是因为时人坐得太矮，而当时酒杯多为金属质地，不像瓷杯跌落碎裂时声音清脆，不用力摔落，帐外那五百刀斧手压根听不见。于是我们不难想象士人吃饭的样子：直挺挺地跪在那里，守着几只杯杯盏盏。设或现代人回到当时，不明就里，或许会发生误会，这里友情提示，请穿越的朋友一定擦亮眼睛看清楚，人家是在吃饭，不是在要饭，不要见人跪着就胡乱往人碗里丢铜钱，搞不好会挨打的。

踞坐取食，身体、筵席和持箸夹菜的手臂形成一个直角三角形，手臂为三角形的斜边。众所周知，直角三角形中，斜边最长，也就是取食的距离最长，如果食器太矮，取食者就需弯腰俯身，十分辛苦。万一看馔摆放得稍远，食客极力前倾身子伸臂探箸，一不小心趴进饭菜摔个狗吃屎，那就颜面丧尽，斯文扫地了。因此先秦餐具多设计为高脚，以降低这类悲剧发生的概率，同时减少因取食距离太远而出现的撒漏。

米饭最易撒落。先秦贵族盛装米饭之器叫作"簋"（guǐ），簋的形状，看起来像一只两耳或四耳的高足痰盂。酱、羹和肉盛于"豆"中，《孟子》云："一箪食，一豆羹。"《周礼·考工记》："食一豆肉。"豆也是高足，广口大腹，仿佛超大号的高脚杯。肉还可以放在"俎"上，按照现代人的印象，乍见此物，或许会误认作板凳，其实俎相当于迷你案几，青铜俎还附带烧烤架功能。按先秦古礼："凡烹饪之事，自镬升于鼎，载于俎，自俎入于口[3]。"肉类菜肴先用镬（大锅）煮熟，再移入鼎中调制羹汤。鼎是礼器，不可直接就食，须捞出大肉上俎，端至席前，由侍者或食客自行切作小块。倘是烤肉，青铜俎下可置炭火，持续加热，不输今天的自助烤肉。后来俎演化为两种餐具，一为砧板，所谓"人为刀俎，我为鱼肉"者；一为托盘，后世称为"案"，即中国历史上最著名的恩爱夫妻东汉梁鸿与孟光"举案齐眉"之案。

〔明〕仇英《春夜宴桃李园图》

这些食器，几乎清一色由青铜铸造，拿簋来说，现代博物馆收藏的几件重器，如"西周太师虘簋"净重6千克，"西周格伯簋"净重8.9千克，"西周追簋"净重达到了18.9千克，比一台电饭煲重多了，贵族若非"撸铁狂魔麒麟臂"，显然不可能把这么一口大铜碗托在掌上愉快地扒饭。偏偏先秦中原主食榜上排名前两位的粟和黍黏性极差，蒸出来的米饭一夹即散，以当时的家具坐姿，用筷子取食极不方便。贵族干脆放弃了筷子，直接上手抓，《礼记·曲礼上》："饭黍毋以箸"，明确规定，筷子吃饭不合礼数。当然，手抓并非乱抓一气，一位识礼君子，应注意以下几点：不可把米饭抟成饭团；不可一次性抓取太多，否则有贪吃之嫌；不可抓了饭再扔回盘子；从共用的饭器取食，应保证双手洁净，抓饭前不可做搓手动作，惹人恶心[4]。

至于筷子的用途，起初十分单一，仅用于捞取羹中之菜，类似吃火锅时的用法："羹之有菜者用梜，其无菜者不用梜[4]。"后来匕取食替代了徒手抓饭的习惯，作为筷子的亲密搭档，同时现身餐筵。《三国志·蜀书·先主传》记刘备受天子衣带诏，谋诛曹操："先主未出时，献帝舅车骑将军董承辞受帝衣带中密诏，当诛曹公。先主未发。是时曹公从容谓先主曰：'今天下英雄，唯使君与操耳。本初之徒，不足数也。'先主方食，失匕箸。"刘备接了密诏，未及启程，曹操忽然上门。刘备只好故作淡定，一面吃饭，一面陪曹操互吹，猛不防曹操来了句："当今天下英雄，唯你我二人而已，袁绍之流，不足挂齿。"吓得刘备手一滑，勺子筷子一齐掉落地上。唐人薛令之诗云："饭涩勺难绾，羹稀箸易宽"[5]明确表示以勺进饭，箸食羹。

宋高宗每次进膳，都会额外预备一副公勺公箸，避免自己的口水染及食物，因为多余的膳品照例须赏给官人[6]，二物并用，信而有征。

顺带提一句，史前时代，中国先民也用过餐刀餐叉。距今五千年的青海马家窑文化宗日遗址出土的骨质刀叉，工细精巧，形制酷似后世西方餐具，而西人广泛使用餐叉进食，迄今不过一千年。中国人最终选择筷子，淘汰刀叉，大概是饮食结构、饮食方式使然。中国古人多食蔬菜、多粒食，食肉偏少，无论是从热汤中捞取食物，抑或进食蔬菜或低黏性的粟饭、麦饭，筷子和匙匕的组合都无疑优于刀叉。

约莫在汉代，席地跪坐的情形稍稍改善，床榻出现，士人可以从跪在地上改为跪在榻上了。三国隐士管宁——就是割席断交的那位主角，家里有具木榻，五十年没换过修过，管宁踞坐榻上坐了半个世纪，膝盖接触之处的木板都跪穿了："管宁自越海及归，常坐一木榻，积五十余年，未尝箕股，其榻上当膝处皆穿。"[7]此时原始马扎——胡床也传入汉地，发垂足坐具之端。胡床的"床面"用绳子编结，轻便易携，本来是游牧民族针对其作息习惯发明之物，进入汉地后，很快风靡。曹操出征打仗便喜欢随身带张胡床，坐在战场上指挥。传说被马超杀得"割须弃袍"的潼关之役，曹军北渡黄河，遭马超突袭，时曹军大部已经渡河，留在河南岸的曹操身前只得一百卫士。马超的关中联军逼至咫尺，箭如雨下，曹操兀自搬着个马扎坐在河边，像村口晒太阳的老头般悠哉游哉，好整以暇，多亏被许褚连拉带扯，强拽上船，才捡回一条性命[8]。魏晋六朝以降，北方游牧民族文化大规模渗透汉地，凳子、杌子种种高足坐具相继问世，士人越坐越高，相应的，餐具则渐矮。先秦的豆演化为平底或圈足小碗，适合托拿在手上，配合筷子，扫菜扒饭。

唐代，踞坐仍居主流，而传自异域的跌坐（盘腿坐）和垂腿坐发展之势，已骎骎然无可遏制。唐人作风豪放，连传统礼教求全责备的女性，也可以落落大方地选择从前被视为不够检点的垂足高坐。唐宫廷仕女画《宫乐图》是一幅大唐名媛聚餐留影，画中九位姑娘垂腿坐在单人方凳上，环绕一张壶门大案，人人面前两只碟子，一枚小碗，吹笙鼓瑟，晏晏欢饮，风流不拘。到了宋代，尤其是南宋，由于偏居江南，地气潮湿，席地而坐不特不适，且易致病，椅杌广泛普及，坐礼彻底转变，垂足坐正式取代踞坐，成为标准坐姿。坐具一再增高，此前的食床、食案高度无法适配，高足桌子便应运而出。先秦古人若来到唐朝，还有人陪他跽坐共餐，若是到了南宋，那么即便寻常百姓家庭，也都是据桌坐椅，伏案而食，先秦人真的要被动解锁新姿势了。

〔唐〕佚名《唐人宫乐图》

新家具解锁了新姿势，也解锁了新餐制。跽坐时代，虽然席和榻允许多人并坐，称为"同席""连榻"，但食物却是每人一份，互不交集的，这是典型的分餐制。分餐制的好处自不待言，干净卫生，避免互换口水，不过，正如卢梭所言"私有制是一切不平等的基础"，分餐不均，容易滋生矛盾。《史记·孟尝君列传》：

> "孟尝君曾待客夜食，有一人蔽火光。客怒，以饭不等，辍食辞去。孟尝君起，自持其饭比之。客惭，自刭。士以此多归孟尝君。"

这是一起分餐制引发的惨案。战国时代，豪贵多蓄门客，此辈又称"食客"，意思是寄食谋食之客。孟尝君招揽天下任侠，府上养士数千，每与门客同食，所置餐馔，必然一致，以示尊重。一天夜里，孟尝君设馔待客，有人无意间挡住了灯光，一厅皆暗。座中一客大怒："孟尝君这厮必是自己偷着吃好东西，却拿下等饭菜打发我们，否则何以使人遮挡光线，分明做贼心虚！"破口大骂，拂袖而起。孟尝君忙令人多燃灯火，亲自端了饭菜到那门客席前。门客看罢，赫然与自己所食一模一样，不胜羞惭，当场拔剑自刎谢罪。此人刚急耿烈，真可谓易燃易怒易爆炸，只为看不清人家的饭菜，就疑心受辱，一旦发现搞错了，立即伏剑，比之后世号称极重名誉的东瀛武士有过之而无不及。设或当时流行的是会食制，主客共享同一桌酒食，这位门客就不致猜疑，也不致送命了。

坐姿改易，高足家具普及，先秦式分餐制便显得很不方便。总不能像学生的课桌一样，给每位食客发一张小桌，且不说费工费料，桌子的大小也不易厘定：桌子太大，厅堂摆不下；桌子太小，看馔摆不下，远不及会食省心。

〔五代〕顾闳中《韩熙载夜宴图》局部（现存宋摹本）

分餐制向会食制转变，并非一蹴而就。唐代是两种餐制的过渡期，唐代的会食制保留着若干分餐遗迹，撮要而言：主要食物由侍者或厨师分配，仍是每人一份，饼、羹之类则盛放在共器之中，共同取用。就餐者分列食床两侧，或只坐于食床一侧，另一侧坐着侍者，负责分配食物。唐朝尚未流行圆桌，用餐的食床和食案演变自长榻，长且较窄。一次唐玄宗请几位兄弟王爷吃饭，大哥宁王李宪坐在对面，一个喷嚏，喷了玄宗满脸饭渣子[9]，不用说，玄宗的御膳肯定也被殃及。假如长条食案换成阔大的方桌圆桌，宁王的食物吐息或许就伤不到玄宗龙颜了。

宋代，同桌共器的会食制最终确立并下沉民间，传衍千年，一直袭用至今。制度普及之初，世人还不太习惯，一种奇葩职业应运而生，名为"白席"，专门提供筵宴安排、礼节普及服务，其服务范畴颇广，"托盘、下请书、安排坐次、尊前执事、歌说劝酒"[10]。从替东道送帖子请人开始，到安排座次、伺候布菜斟酌、劝酒劝食、掌控宴会节奏、炒热气氛娱宾，乃至精细到什么时机吃哪一道菜，等等，一并承揽。总而言之，帮主人请好客，帮客人喝好酒，仿佛现代宴会中的司仪兼主陪。不过白席人管得太细，想想看，连举箸落筷，吃什么喝什么，都要听人口令，束手束脚，何其别扭。陆游《老学庵笔记》述其状甚详：

> "北方民家，吉凶辄有相礼者，谓之白席，多鄙俚可笑。韩魏公自枢密归邺，赴一姻家礼席，偶取盘中一荔枝，欲啖之。白席者遽唱言曰：'资政吃荔枝，请众客同吃荔枝。'魏公憎其喋喋，因置不复取。白席者又曰：'资政恶发也，却请众客放下荔枝。'魏公为一笑。'恶发'，犹云怒也。"

白席人的主顾，多为闾巷百姓，民家不论红白喜事请客，都要请白席来主持。而豪贵之府，自具"四司六局"，大批厮仆供役，便无需此辈，所以白席人同贵族打交道的机会不多。北宋名相、魏国公韩琦因庆历新政失败，罢去枢密副使之后，一次回到梓里邺县（今属河南安阳），赴一姻亲酒席。满座宾客，以他为尊，白席人要控制节奏，当然也唯他是瞻，紧紧盯着他的一举一动。韩琦随手拿起颗荔枝要往嘴里送，猛听得白席人嚎一声："大学士吃荔枝了！请大家举起手中的荔枝，共吃一枚！韩琦听得心烦，把荔枝一丢，那白席人又扯开嗓子喝道："大学士生气了！大学士生气了！请众位宾客放下荔枝！"韩琦大翻白眼，哭笑不得。

安排座次，亦是白席人的主要职责，在"礼不下庶人"的民间，与宴应当依从何种仪轨规制，许多百姓懵懂不明，不敢胡乱走坐，唯恐行差踏错，惹人耻笑，所有行动，悉从白席人指挥。中国传统方位观，首重中央，古人诲戒子孙说："为人子者，居不主奥，坐不中席，行不中道。"[11]中央之位，非尊长不得擅居。其次尚左，《礼记·少仪》："尊者，以酌者之左为上尊。"今人常说"男左女右"，实为老旧的男尊女卑观念孑遗。宫室格局，一般坐北朝南，门户开在南方，正北为至尊之位。宾客上堂，多居西侧，主人坐在东侧[4]，此即"东道""西宾"之称的由来。东道西宾，并非尊东卑西，恰恰相反，当面向北方时，左手方为西，右方为东，是西尊而东卑，请客人西侧就坐，与主人分庭抗礼，乃是抬举客人、以示尊重之意[12]。而厅堂之后的室，大门多开在东侧，大门的位置一变，主宾坐席及尊卑方位也随之改变了。在室内，最尊的方位改换到了西南角，此处远离门户，深邃隐蔽，古人称为"奥"，所谓"深奥""堂奥"者，即指此位而言。鸿门宴座次分布，取的便是室内规矩，项羽"东向坐"，座位设于西侧，占据尊位；其余诸人，项羽的谋士范增"南向坐"，坐在北侧，这是次席；"沛公北向坐"，刘邦坐南面北，这是三席；只有写到张良时，司马迁用了一个"侍"字，说他"西向侍"，因为张良地位最低，只能坐在东侧，陪侍众人。唐宋宴饮，大致仍遵循以上原则，《太平广记》引《逸史》载唐德宗朝吏部侍郎奚陟请同僚在正厅吃茶："餐罢，因请同舍外郎就厅茶会。陟为主人，东面首坐，坐者二十余人。"主人坐东侧上首，客人列坐西侧。宋徽宗御笔《文会图》绘写文人燕集，首席位于最深处，合乎"堂奥"之礼。

〔北宋〕赵佶《文会图》局部

唐宋大部分时期天下乂安，百姓富赡，食物充沛，越来越多家庭具备了主观决定每天进食几餐的条件。唐宋小孩子若比拼家境，引以为傲的不是"我爸开什么车"，而是"我们家一天吃三顿饭"。实际上早在战国时代，贵族三餐已非罕见。齐国贵族管燕获罪于齐王，在齐国待不下去，想要跳槽。高管跳槽，最好自带一支团队，一来指挥顺手，二来跟新东家谈待遇时筹码更足。管燕也是这么打算的，他召开内部会议，希望说动部下门客，随他履新。没想到问了一句"谁跟我走？"堂下一片缄默，没人吭声。管燕尴尬之极，做张做致地流鼻涕、抹眼泪，喟叹道："可悲啊，士何其易得而难用也！"一位旁听会议的朋友冷哼道："管兄，贵属为啥不愿跟你走，你难道心里没点数么？你喂鹅喂鸭的饲料天天剩余，部下却连三餐都吃不饱（士三食不得餍，而君鹅鹜有余食）。你老婆姬妾一个个珠翠罗锦，部下却穷得有腿没裤子。是，你有钱，钱财对你来说不算什么，你的部下却穷得只剩一条命了。既然你不肯以无足轻重的钱财待部下，凭什么要求部下将仅剩的性命献给你！"[13] 管燕部下"不得餍"的三食，即指一日三餐。《庄子·内篇》也说："适莽苍者，三餐而反，腹犹果然。"不过当时的一日三餐并非指早、中、晚餐，而是两次正餐之余，加一餐宵夜，因此以制度而言，先秦的餐制仍属两餐制。

　　两餐的进食时间，不妨结合先秦的时段概念来谈。在"子丑寅卯"十二时辰制普及之前，纪时制度比较混乱，大略而述：殷商时期，以太阳初升时为"旦"；接着是"明"，也叫"朝"或"大采"，意为大放光明；此后是"大食"，进食第一餐，餐后要工作整日，所以此餐丰富；然后是"日中"；再是"昃"，也叫"日西"；过后为"小食"，进食第二餐，餐后时近日暮，日落而息，故小食即可；不久就是"小采"，也叫"萌"；以及"昏"，残阳西颓，光线趋暗；最后转入"夕"和"夙"，夜幕降临[14]。

　　周、秦情况相仿，黎明时分叫作"平旦""昧爽"或"晨"；次为"日出"或"朝"；次为"食时"，是吃第一顿饭的时间，也叫"蚤食""夙食"；次为"莫食"，意思是别吃了，该上班了；次为"日中"；次为"日过中"；次为"日下昃""下市"或"餔时"，吃第二顿饭；次为"日入"，此后依次为"昏""夜"。贵族加餐，多在"昏"后，称为"夕食""夜食"或"晦食"[15]。黎民百姓，一来家无余产，吃不起这顿宵夜，二来夜生活不及贵族丰富，此刻已然睡了。

两餐的第一餐叫"饔"（yōng），第二餐叫"飧"（sūn）。《孟子·滕文公上》："贤者与民并耕而食，饔飧而治。"先秦百家争鸣时代，有个农家代表跑去挑孟子的"粉丝"滕文公的毛病，抬杠说他不是位好国君，因为好国君应该陪老百姓一起下地干活，早饭晚饭都要亲手庖治。这当然不切实际，你让四体不勤的国君亲自生火煮饭，他不把厨房给你烧了就不错了。何况不是每位国君都做得到宵衣旰食，一大早起床处理政务。古时日出而作，饔的时间很早，基本上天色微明，便需安排饭食。大唐奇书《酉阳杂俎》记载了一桩离奇命案，述及早餐时刻："入五更，张乃唤仆，使张烛巾栉，就孟曰：'某昨醉中，都不知秀才同厅。'因命食，谈笑甚欢。"五更相当于凌晨三点到五点，晓月未沉，残星在天，李后主词曰"罗衾不耐五更寒，梦里不知身是客，一晌贪欢"。贵族梦犹未醒，何谈下厨做早餐？而人民群众早睡早起，五更天便贪黑起床吃饭。唐代短篇魔幻小说《板桥三娘子》一段描写可资印证："有顷鸡鸣，诸客欲发，三娘子先起点灯，置新作烧饼于食床上，与客点心。"[16] 女魔法师板桥三娘子开了一家黑心客栈，以黑魔法烙制烧饼，把食客变成驴，盗其财货。设食之际，晓鸡方鸣，斗转参横，店里尚需点灯，时间略早于今人。

宋代取缔了城市宵禁，市民阶层兴起，消费封印解开，通都大邑，百廛千市，凤箫声动，玉壶光转，昼夜狂欢。不论什么时辰，走到任一条街上，总有店肆营业。向晚，酒店点起灯烛沽卖，上下相照，街面如同白昼。数百女郎，霞衣缥缈，歌鸾飞凤，凭栏烟聚，以待酒客呼唤，望之宛若神仙。夜生活丰富如此，谁肯早憩？就寝时间推迟，一日两餐便不够用了，于是三餐制浸浸普及，其证其迹，宋人诗文比比可见。苏辙《和子瞻和陶渊明杂诗》："身世俱一梦，往来适三餐。"陆游《老景》："疾行逾百步，健啖每三餐。"顾逢《厉杭云袖诗见访》："每日三餐饭，谁家一熟田。"不过两餐制亦未销声匿迹，先秦古人穿越到大宋，坚持两餐传统，也不虞被视为异类。事实上两餐制直到清代依然风行，清朝鼎革之初，有鉴于明朝几位皇帝——几十年不上朝只管修仙的明世宗嘉靖、首辅宰相都见不着面的超级"宅男"明神宗万历流亚懒政之失，定下极其严格的作息规矩，要求皇帝不得睡懒觉。每天凌晨 4 点 45 分准时起床办公，先上他两三个小时的班，辰时（七八点钟）才进早膳，接着继续办公，未正（14点）进晚膳，接着继续办公，夜里饿了，照例吃一顿简单的"晚饷"，也就是宵夜[17]，接下来还有三千后宫等着雨露均沾，一天下来，马不停蹄，确实辛苦之极。清康熙朝有一年大旱，米价腾贵，粮廪虚乏，官府数度开仓赈济，而臣民不知珍惜，康熙帝烦忧头痛，无奈吐槽："尔汉人，一日三餐，夜又饮酒。朕一日两餐，当年出师塞外，日食一餐。今十四阿哥领兵在外亦然。尔汉人若能如此，则一日之食，可足两食，奈何其不然也？"[18]为什么天下人不能学学朕？朕一天才吃两顿饭，你们一日三餐晚上还得加一顿宵夜，粮米能不短缺吗！清朝旗下贵族，亦多循两餐制，《红楼梦》第五十八回写道："一日，正是朝中大祭，贾母等五更便去了。先到下处用些点心小食，然后入朝。早膳已毕，方退至下处歇息。用过早饭，略歇片刻，复入朝侍中晚二祭，方出至下处歇息。用过晚饭方回家。"清晨用些点心，此后一日之内只得早晚两餐，并无午餐。

唐宋民家伙食条件在改善，市场饮食业也在发展。唐代城市的坊市藩篱未破，餐饮、购物、手工、租赁诸般业态和店铺，大都像猴子给唐僧画的那个圈一样，被圈在"市"里，市的周遭建有围墙，形成名副其实的"商圈"，与居民区"坊"泾渭分明。商圈百业毕集，车马辐辏，繁华不下今天的商业中心，但市民购物，须蹚过半座城，毕竟极不方便。市门晨启暮闭，太阳一落，歇业关门，来得迟了，只好吃闭门羹。不过商业如流水，无孔不入，官府仅凭一张死板的禁令到底限制不住，总有想赚钱的商家，大着胆子把店铺开进居民区：

> "柳璟知举年，有国子监明经，失姓名，昼寝，梦徙倚于监门。有一人负衣囊，衣黄，访明经姓氏。明经语之，其人笑曰：'君来春及第。'明经因访邻房乡曲五六人，或言得者，明经遂邀入长兴里毕罗店常所过处。店外有犬竞，惊曰：'差矣！'遽呼邻房数人语其梦。忽见长兴店子入门曰：'郎君与客食毕罗计二斤，何不计直而去也？'明经大骇，褫衣质之。且随验所梦，相其榻器，皆如梦中。乃谓店主曰：'我与客俱梦中至是，客岂食乎？'店主惊曰：'初怪客前毕罗悉完，疑其嫌置蒜也。'来春，明经与邻房三人梦中所访者，悉及第。"[19]

〔宋〕佚名《夜宴图》

故事中的饆饠店，位于长兴里——"长兴小区"，小区内部开了一家餐馆，居民就不必再为下个馆子套车备马，穿越人山人海，大老远跑去市场了。居民区的食肆多是小本经营，规模有限，为充分获取客流，一般开设在里坊大门左近，方便出入的居民就餐：

> "刑部侍郎从伯伯刍尝言：某所居安邑里巷口有鬻饼者，早过户，未尝不闻讴歌而当垆，兴甚早。一旦，召之与语，贫窭可怜，因与万钱，令多其本，日取饼以偿之。欣然持镪而去。后过其户，则寂然不闻讴歌之声，谓其逝矣。及呼，乃至，谓曰：'尔何辍歌之遽乎？'曰：'本流既大，心计转粗，不暇唱《渭城》矣。'从伯曰：'吾思官徒亦然。'因成大噱。"[20]

说的是刘禹锡的堂伯（父亲的堂兄）、刑部侍郎刘伯刍所住的小区门口有家饼店。每天清晨早起入朝，策马出门之际，辄闻小小店铺之中，一把清亮嗓子曼声吟唱："渭城朝雨浥轻尘，客舍青青柳色新。劝君更尽一杯酒，西出阳关无故人。"刘伯刍踏歌戴月，心中惊动，平凡的坊门，恍惚化作了曲子里巍峨雄迈的阳关，漠漠长衢，寂寥曙色，蓦然间温醇潇洒起来。他日日听这歌声，终于忍不住找到饼匠，那饼匠是个再普通不过的市井小民，蝼蚁般活着，却活得如此写意。刘伯刍暗暗感叹，赏发他一大笔钱财，添作生意本钱，饼匠欢天喜地拿钱去了。后来再过店铺，寂然不闻歌声，刘伯刍还道饼匠死了，呼唤一声，饼匠迎了出来，刘伯刍问道："而今怎么不唱曲子了？"饼匠道："生意做大了，哪里还顾得上唱什么曲子！"大抵人生的率真，总是不觉湮泯于名利，卖饼如是，做官亦如是。

唐人笔记，居民区开设食肆的例子非止一见，这些店铺多是卖糕、卖饼、卖浆

者，普遍规模不大，想必还是官府禁令的缘故，小商贩无力进入市场，便冒着官府查处的风险，寄托里巷，赚些糊口钱。大商家则不必犯险，市场客流极巨，妥善经营，盈利可观。以酒楼而言，唐代民间建筑多为低矮的单层房屋，而酒楼业已卓立市廛。韦应物《酒肆行》：

> 豪家沽酒长安陌，　　一旦起楼高百尺。
> 碧疏玲珑含春风，　　银题彩帜邀上客。
> 回瞻丹凤阙，　　　　直视乐游苑。
> 四方称赏名已高，　　五陵车马无近远。
> 晴景悠扬三月天，　　桃花飘俎柳垂筵。
> 繁丝急管一时合，　　他垆邻肆何寂然。
> 主人无厌且专利，　　百斛须臾一壶费。
> 初酤后薄为大偷，　　饮者知名不知味。
> 深门潜酤客来稀，　　终岁醇浓味不移。
> 长安酒徒空扰扰，　　路傍过去那得知。

百尺高楼，耸入烟云，登临卓眺，帝阙可掬。这样的宏构，非财力雄厚的巨贾不能营造。大型酒店的实力，还体现在承揽盛宴方面："德宗非时召拜吴凑为京兆尹，便令赴上。疾驱，请客至府，已列筵矣。或问：'何速？'吏曰：'两市日有礼席，举铛釜而取之，故三、五百人之馔，常可立办。'"[21] 唐朝官场惯例，京兆尹（首都市长）拜官，须设宴请客。唐德宗朝，吴凑突然被擢为京兆尹，事出仓促，他毫无准备，但朝旨已下，命他即刻上任。照例，请客需赶在上任之前，时间紧迫，断不容他从从容容打发仆役沽酒买肉，宰羊杀鸡，慢慢整治。好在京兆府的掾吏都是地面熟透的地头蛇，京城内外各种生意，无不烂熟于心，知道市场上有些食肆每天备有大量现成的宴席看馔，专为应付不时之需。顾客带着餐具来，付款之后，咄嗟可取，三五百人的分量，不成问题。当下吴家仆人兵分两路，一路送帖子请客人，一路赶往市场，打包外带。须臾贺客登门，吴家的筵席，也同时备妥了。

还有些"道上混"的人物，手眼通天，招揽官府公宴，包下项目，再联络食肆或召集厨役备办，自己坐收差价，大发其财。官府公宴，最引人注目者，莫过每年春科举放榜后，御赐新科进士的曲江宴。曲江宴设于长安城东南隅的曲江池畔，又称关宴（因为在吏部关试之后）、杏园宴（常在池西岸杏园中）、闻喜宴、离宴（同榜进士最后一聚，此后各奔前程）。为示青眼，宴会之际，天子往往亲临紫云楼露上一面。是日，京师贵胄倾城而出，有女儿待嫁的来挑女婿，没女儿可嫁的也巴巴地赶来结纳新贵，车骑塞道，冠带连翩。这是读书人一生最荣耀的时刻，毕业狂欢，随处可见得意忘形。张籍说"无人不借花园宿，到处皆携酒器行"，场面一片狼藉，喝多了呕吐、随处便溺者大有人在。皮日休及第时，酩酊大醉，就地枕着书囊一睡不起。郑光业参加曲江宴，家人来报说他儿子心绞痛死了，众同年闻讯无不失色，郑却坚持喝酒，不肯回家[22]。如此风流雅会，承揽者竟是近乎黑道帮会的一股势力，世称"进士团"，此辈乃是"游手之民，自相鸠集"，但做事极为负责认真："凡今年才过关宴，士参已备来年游宴之费，由是四海之内，水陆之珍，靡不毕备。"[23]用一年时间做一宴，"匠人"精神令人动容。

唐朝酒楼峻耸云天，临风把酒，不过是为了回瞻宫阙，顺便偷看一眼乐游苑女孩子的扑蝶身段、薄汗轻衫而已。宋朝酒店就厉害了，人家直接开进御花园，北宋东京琼林苑内"大门牙道皆古松怪柏，两傍有石榴园、樱桃园之类，各有亭榭，多是酒家所占"[10]。闲来无事去吃个便饭，说不定有机会一睹圣驾。至于大街上，诚如陆游所言，更是"何处人间无酒楼"。宋代坊市壁垒瓦解，店肆不必局囿市场，今人习以为常的沿街商铺正式出现，旗亭食肆，夹道栉比，吃酒吃饭举步即是。宋代酒店营业时间也较前朝自由得多。唐中叶以前，宵禁森严，暮鼓响过，市门、坊门一律关闭，金吾卫满城巡察，发现胆敢犯禁外出者，付有司科决，鞭二十。宋代宵禁作古，酒店同现代一样，全天候营业，"大抵诸酒肆瓦市，不以风雨寒暑，白昼通夜，骈阗如此"[10]。辛弃疾尝称"千杯快饮"，欧阳修亦道"酒逢知己千杯少""毕春应须酒万斛，与子共醉三千杯"，酒店既不打烊，则千杯之数，未必夸诞。契交知己，接席衔觞，大可倾宵把盏；醉乡酒鬼，虹吞鲸吸，狂饮整夜也没人干涉。宋代蒸馏酒罕见，酒店沽卖者多是酿造酒，绵柔醇和，酒度偏低，喝他一天一夜毫不奇怪，区区千杯何足道哉！

北宋东京城酒楼细分，细致到可据季节时令甄选的地步。四五月间，榴花院落，细柳亭轩，七十二家酒楼煮酒初卖，糟香喷溢，市井为之一新。城南清风楼最宜夏饮，"初尝青杏，乍荐樱桃，时得佳宾，觥酬交作"。茄子、瓠瓜初上时候，东华门一带酒店近水楼台，所得最新，逐味之徒，又蜂拥至此尝鲜[10]。到东华门，不可不登樊楼，此楼位于东华门外景明坊，一名白矾楼，北宋末年易名丰乐楼，

〔明〕丁云鹏《漉酒图》局部

饮徒常聚达千余人，堪称京师酒肆之冠。楼分五座，各修飞桥相连，珠帘绣额，灯烛荧煌，每日里游人如织，一片笙箫。比及元宵之夜，楼顶每只瓦栊之中，皆置莲灯一盏，远望若星斗璨落，红莲万蕊，光射云河，夺尽月色[24]。许多人印象里，樊楼就是汴梁地标。南宋理学宗匠朱熹之师刘子翚追忆故都繁丽，昔日樊楼灯火，妙舞清歌，不觉一丝惆怅浮上心头：

> 梁园歌舞足风流，美酒如刀解断愁。
> 忆得少年多乐事，夜深灯火上樊楼。[25]

樊楼开业之初，曾放出消息说，每日第一位上门的顾客，可获赠黄金小旗，一时轰传都下，酒客纷至，招牌一夜打响。宋人的促销手段还不止此，瓠羹店喜欢搞

免赠，雇个孩子坐在店门口，终日吆喝"饶骨头！饶骨头！"意思是"本店免费赠送大骨头啦"，还有些店家额外赠送灌肺及炒肺[10]。不知宋人是否想象过，他们玩的花样被后人沿用了千百年之久，到21世纪，商家促销仍不脱其宗。

北宋酒楼极易辨认，门首多结缚着巨大的山楼影灯、彩楼欢门——彩纸、彩帛、竹木扎制的门楼，为浅浅的入口造出曲径通幽的景深。隔远相望，"绣旆相招，掩翳天日"，高出两旁店肆一大截，气势恢宏，分外醒目，就算醉眼迷离的酒鬼，凭此地标，也不难摸进店门。

酒楼的规矩，一般楼上宴饮，楼下便餐。南宋《都城纪胜》：

> "大凡入店，不可轻易登楼上阁，恐饮燕浅短。如买酒不多，则只就楼下散坐，谓之门床马道。初坐定，酒家人先下看菜，问买多少，然后别换菜蔬。亦有生疏不惯人，便忽下箸，被笑多矣。"[26]

说的是上楼挑座，通常都是高消费的痛饮大喝，小酌一般不会上楼，武侠小说写楼上轰饮聚宴，分属平常，若写上楼雅座独饮，那必是贵介公子，否则恐怕付不起那份酒账。客人落座，店伴先摆上一桌"看菜"，也就是样品，相当于实物菜单。倘有人不明就里，直接动筷子吃看菜，必惹人耻笑。高档酒店设隔座雅间，张挂名人字画，廊庑掩映，帘幕低垂，瓶花吐艳，炉香袅袅，夏日置冰盆降温，冬天添火箱取暖，伴坐的美人、跑堂的伙计，极尽奉承之能事，直教人飘飘欲仙，流连忘返。

普通酒家无此精雅，宋代的小酒铺，例如供人打尖歇脚的"脚店"、兼卖茶水饭食的"拍户"，条件天差地远，甚至不具备酿酒资格，须从大酒楼批发成品酒浆。朝廷曾计划将三千户脚店的酒水供应划拨给樊楼一家承包[27]，足见东京第一楼实力之强横，亦可见整个京城酒家之多，有如繁星，不可胜数。小酒家扎不起巨型彩楼，其门面招牌沿用传统的酒旗。酒旗至晚出现于唐代，白居易《杭州春望》："红袖织绫夸柿蒂，青旗沽酒趁梨花。"宋代酒旗俗称酒望子，旗上言简意赅，单书一"酒"字，或书"新酒""小酒"，有酒待沽则高悬招展，售空则偃卷收起。《东京梦华录》："中秋节前，诸店皆卖新酒，重新结络门面彩楼花头，画竿醉仙锦旆。市人争饮，至午未间，家家无酒，拽下望子。"乡村野店亦挂酒旗，"有沽酒处便为家"

的浪子酒鬼陆放翁偶尔驾车山行，目无余色，唯见酒旗青："酒旗滴雨村场晚，茶灶炊烟野寺秋。"北宋谢逸过黄州杏花村馆，题《江城子》于驿壁："杏花村馆酒旗风。水溶溶，扬残红。野渡舟横，杨柳绿阴浓。望断江南山色远，人不见，草连空。"更简陋的小店，酒旗也置办不起，便简单地挑出根草帚，权作标识。

古时一些酒家只卖酒不卖馔，客人要买下酒菜，须自行设法。在宋代，大型酒楼接地气得很，卖唱赶座的艺人、兜售熟食的小贩，皆不禁出入，以方便客人。酒客坐定，交代伙计一句，便有衣着干净的妇人臂挽竹篮，打帘子进来，卖些烧鸡、烤鸭、鹿肉干。也有穿白虔布衫的小孩子，眼清目明，奶声奶气地来卖小菜及坚果零食。还有包子店、馒头店同酒楼品牌联营，寄卖主食，也往往生意不坏[10]。

开放而良好的市场竞争，全面刺激商品经济，是饮食业迅猛发展的重要原因。承平时代，世人挖空心思取悦感官，取悦味觉，用舌头投票，优质品牌由是脱颖而出。北宋东京包子、馒头店，不乏大牌字号：尚书省西门外万家馒头，号称京师第一；州桥西的孙好手馒头、御街州桥王楼山洞梅花包子、御廊西侧鹿家包子，并皆驰名[10]。宋室南迁之后，"行在"临安府的知名食店乔乔皇皇，宋嫂鱼羹声华千载，戈家蜜枣儿、官巷口光家羹、寿慈宫前熟肉、涌金门灌肺、中瓦前职家羊饭、猫儿桥魏大刀熟肉、五间楼前周五郎蜜煎、张卖食面店、朱家元子糖蜜糕铺，俱一时名食[28]。这些店肆专营某一类食物，宋嫂鱼羹只做鱼羹，戈家蜜枣儿便专做蜜枣，客人若要领略众家味道，须打发伙计跑腿去买，或者干脆选择综合性食店。

宋代综合性食店，以分茶和瓠羹店为代表。分茶规模较大，经营看馔丰富，有头羹、石髓羹、白肉、胡饼、软羊、大小骨角、犒腰子、石肚羹、入炉羊罨、生软羊面、桐皮面、姜泼刀、回刀、冷淘、棋子、寄炉面饭之类。客人可以就食材提出要求，或零或整，或加热或冷食，或指定餐具，或只买半份，店家无不满足，服务细致人性化[10]。瓠羹店则倾向平民化，"瓠羹"原指一种汤面，浇头丰盛多样，听凭客人自选，只要肥肉的叫作"膘浇"，只要瘦肉叫作"精浇"，只配菜蔬叫作"造齑"。元朝御医忽思慧的《饮膳正要》谈瓠羹做法：羊肉带骨砍作大块，以草果熬煮浓汤。捞起羊肉切片，瓠瓜剜瓤削皮切片，同羊肉、细面条下锅，并姜、葱、盐、醋爆炒，起锅浇入肉汤。瓠羹店门前也搭有彩楼，称为"山棚"，两侧挂着很多猪羊。甫一进门，喧腾盈耳，热气扑面，食客、跑堂穿梭往来。

店内员工职司明确,掌勺的厨子是"铛头",招呼客人的小二称为"过卖",上菜的服务员叫作"行菜"。客人入座,过卖手执纸笔,遍问所需,报予铛头。上菜之际,行菜左手抓三只碗,右臂从肩至腕一条龙铺叠着二十只碗,逐一散发,动作干净利落。这份工作是脑力和身手的双重考验,若不慎上错,或失手打碎了碗碟,便会遭食客投诉,挨骂罚薪,乃至被当场辞退[10]。

纵使"下等人求食粗饱"的小饭馆,所卖熟食看上去亦颇不恶。南宋《梦梁录》:"又有卖菜羹饭店,兼卖煎豆腐、煎鱼、煎鲞、烧菜、煎茄子,此等店肆乃下等人求食粗饱,往而市之矣。""又有专卖家常饭食,如撺肉羹、骨头羹、蹄子清羹、鱼辣羹、鸡羹、耍鱼辣羹、猪大骨清羹、杂合羹、南北羹,兼卖蝴蝶面、煎肉、大麸虾等蝴蝶面,及有煎肉、煎肝、冻鱼、冻鲞、冻肉、煎鸭子、煎鲚鱼、醋鲞等下饭。"市井饮食之富,引得深宫嫔娥耐不住寂寞,每天早晚打发杂役出宫采买,一如现代叫外卖的宅女。《梦梁录》写道:"和宁门外红权子,早市买卖,市井最盛。盖禁中诸阁分等位,宫娥早晚令黄院子收买食品下饭于此。凡饮食珍味,时新下饭,奇细蔬菜,品件不缺。遇有宣唤收买,即时供进。"有的食店名头之响,更是上动玉宸,皇上听说了,也忍不住想试试看。宋高宗曾宣唤李婆婆杂菜羹、贺四酪面、脏三猪胰、胡饼、戈家甜食等数种名食,并因是中州汴京旧人的关系,特加厚赐[29]。

晴和天气,市民徜徉街头,观览足倦,觑那青布伞下,拣副座头,随意用些吃喝。青布伞是摊贩支起来的,伞下几条春凳,数张方桌,不拘客人歇脚吃些点心。东京市井,这样的青布伞星罗处处,售卖熟食、瓜果、糕饼、饮子,暑风一浪一浪撩拨伞檐的时节,商贩用鲜果点缀冰沙,盛以银器,供行人消夏,直似今日的冷饮店。《东京梦华录》:

〔北宋〕张择端《清明上河图》中的香饮子

> "是月时物，巷陌路口，桥门市井，皆卖大小米水饭、炙肉、干脯、
> 莴苣笋、芥辣瓜儿、义塘甜瓜、卫州白桃、南京金桃、水鹅梨、金杏、小
> 瑶李子、红菱、沙角儿、药木瓜、水木瓜、冰雪、凉水荔枝膏，皆用青布
> 伞当街列床凳堆垛。冰雪惟旧宋门外两家最盛，悉用银器。沙糖绿豆、水
> 晶皂儿、黄冷团子、鸡头穰、冰雪细料馉饳儿、麻饮鸡皮、细索凉粉、素签、
> 成串熟林檎、脂麻团子、江豆儿、羊肉小馒头、龟儿沙馅之类。都人最重
> 三伏，盖六月中别无时节，往往风亭水榭，峻宇高楼，雪槛冰盘，浮瓜沉李，
> 流杯曲沼，苞鲊新荷，远迩笙歌，通夕而罢。"

有道是"坐贾行商"，东京城这座巨大的池塘，万盏青伞散如碧荷，亭亭摇曳，挑担游方的货郎便是穿流之鱼，另成一道风光。货郎的生意，一半着落在嗓子上，仿佛公鸡报晓，引吭一鸣，惊破庭院深沉，市民纷纷循声启户，唤住货担各买所需。货郎的吟叫，声调各异，卓然不同，有的甜润悦耳，有的清脆嘹亮，有的沙哑苍凉，那时无汽车鸣笛、施工喧嚣，曲巷恬静，陡然间一声长啸，坼裂层云，直劈进闻者心里，于是止水波澜，气氛慢慢热闹起来。而市肆之地，诸般喧叫鼓吹杂和，就不免令人耳聒心烦：

> "徐左省铉职居近列……每睹待漏院前灯火人物卖肝夹粉粥，
> 来往喧杂，即皱眉曰：'真同寨下耳。'"[30]

百官清晨诣阙，等待早朝，谓之"待漏"。唐朝宪宗之前（高宗之后），自宰相以下，朝臣待漏，都在大明宫南的望仙门、建福门外露天而立，遇到下雨下雪天气，也只能苦挨着，比之今天出早操的学生境遇强不了多少。唐宪宗体谅臣子，建了所"待漏院"，臣工才有避雨遮风之处[31]。待漏院规定，百官五更准时到班等候上朝，那么大约凌晨 3 点钟就要起床出门，苏轼就曾报怨上朝害得他告别懒觉："五更待漏靴满霜，不如三伏日高睡足北窗凉。"[32] 时间太早，朝臣大多无暇早餐，有人枵腹面君奏对，有人不愿挨饿，路上随意买张饼子揣在袖子里，得空吃上几口。还有人腰间藏一块羊肉，若是天气冷，需贴身收着，否则黎明严寒，一忽儿的工夫便冻得

咬不动了。从五代后唐起，待漏院开始提供点心，多是粥糜果子之类，果子（糕饼）因存放太久，不堪咀嚼，稀粥又不甚解馋饱腹。到了宋代，商业嗅觉敏锐的小贩，慢慢攒聚到待漏院前叫卖肝夹粉粥，不必说，定然吸引了大批饥肠辘辘的朝臣光顾。时间一长，小贩越聚越多，朝堂之侧，公卿趋驰，形同闹市。这可是帝国最高中央机关啊，门前喧嚣有如村寨，成何体统？无怪散骑常侍徐铉吐槽说"真同寨下耳"，感觉上朝像在赶集。

宋代商业之开放、商贩之胆肥，还不止此。北宋哲宗绍圣年间，昭慈孟皇后（哲宗的首位皇后）废居瑶华宫，有个小贩成天挑了两担馓子跑到宫外，撂下挑子又腰大呼："亏死我了，亏就亏罢！"意谓价钱便宜，致于亏本。不明真相的路人好奇动问："你卖的啥玩意儿亏死你了？"小贩便趁机鼓其如簧之舌，极力兜售。那孟皇后虽蒙冤出家，毕竟不能容许市侩肆意骚扰。小贩喊了几天，喊来了开封府衙役，抓上府堂，狠狠打了一百棍。这小贩死性不改，打完还敢去卖，所不同者，唯口号改换，改喊："不让做买卖，那我歇着好了！"知情者莫不取笑，而小贩因骚扰前任皇后被打，名声大噪，生意反而更火了[33]。靖康之难，北人南移，大批南漂族渡江而下，此辈思慕故土，风气一仍旧贯，临安处处可见汴梁当日气象，连小贩的叫卖声也一并继承，所谓"直把杭州作汴州"，诚然如是。

［宋］佚名《春宴图》局部

〔唐〕西安市南里王村唐代韦氏家族墓壁画《宴饮图》

注释

［1］陈寅恪《论韩愈》。

［2］〔东汉〕郑玄《周礼注》。

［3］〔唐〕李鼎祚《周易集解》。

［4］《礼记·曲礼上》。

［5］〔唐〕薛令之《自悼诗》。

［6］〔明〕田汝成《西湖游览志余》。

［7］〔西晋〕皇甫谧《高士传》。

［8］〔南朝宋〕裴松之《三国志注》。

［9］〔唐〕赵璘《因话录》。

［10］〔南宋〕孟元老《东京梦华录》。

［11］〔北宋〕司马光《家范》。

［12］〔南宋〕程大昌《演繁录》。

［13］《战国策·齐策四》。

［14］宋镇豪.试论殷代的纪时制度——兼谈中国古代分段纪时制 [J]. 考古学研究，2003.

［15］李洪财.释简牍中的 " 莫食 "[J]. 敦煌研究，2016（6）：119-123.

［16］〔唐〕薛渔思《河东记》。

［17］〔清〕鄂尔泰、张廷玉等《国朝宫史》。

［18］〔民国〕徐珂《清稗类钞·饮食类》。

［19］〔唐〕段成式《酉阳杂俎》。

［20］〔唐〕韦绚《刘公嘉话录》。

［21］〔北宋〕王谠《唐语林》。

［22］〔唐〕孙棨《北里志》。

［23］〔五代〕王定保《唐摭言》。

［24］〔南宋〕周密《齐东野语》。

［25］〔南宋〕刘子翚《汴京纪事二十首其一》。

［26］〔南宋〕耐得翁《都城纪胜》。

［27］《宋会要辑稿》。

［28］〔南宋〕吴自牧《梦粱录》。

［29］〔南宋〕周密《武林旧事》。

［30］〔宋〕《丁晋公谈录》。

［31］〔唐〕李肇《唐国史补》。

［32］〔北宋〕苏轼《薄薄酒》。

［33］〔南宋〕庄绰《鸡肋编》。

炒菜：
大破能源危机

饮食的历史，也正是食材发现和炊具进步的历史，此二者可谓一切工艺启迪及技法创新的基础：陶器发明，炖煮问世；底部带孔的甑出现，使蒸成为可能。而金属炊具，则孕育了炒法。从胚胎到诞生，再到茁茁长成，砥柱中餐，炒菜经历了漫长壮阔的发展之路。

最早的金属炊具为青铜质地，敛口深腹，器壁极厚，利于烹煮；注入大量油脂，勉强也可煎炸；付之于炒，尤其是爆炒，从器形、导热性能、作为礼器的属性功用等多方面考虑，均不太现实。先秦厨司庖肉，习惯像祭祀载牲般使用整只牲口，或分解为大块，炒法适用的肉丝、肉片，彼时为脍，只供生食。此外，文献记载和考古资料中也找不到先秦炒法存在的直接证据。在那个文明初醒的时代，炒法烹饪与它的早期形态煎、熬、炸融混一团，不曾脱胎。

炒菜的第一株蘖芽，或许萌发于东汉魏晋之间。东汉，锅的前辈——铁釜铸造技术趋于成熟，釜身变浅，口沿变深变宽，内壁日趋光滑，通俗来讲，就是越来越像锅了[1]。北魏《齐民要术》一段记录，显示了铁釜的流行：

> "治釜令不渝法。常于谙信处买取最初铸者，铁精不渝，轻利易然。"

当时的铁釜易氧化变色，因此《齐民要术》的作者贾思勰建议读者去相熟的铁匠铺购买最初熔炼的铁汁锻铸之釜，此为"铁精"，轻便而导热性能上佳，不会轻易变色。"贾指导"既出此言，说明出售铁釜的铺子必然不少，否则谈不上择铺而购。

在我们迄今为止所重建的历史沙盘上,炒菜首度正式亮相的坐标,也定位于《齐民要术》。这道记载明确的史上第一道炒菜,正是中国人最熟悉的炒鸡蛋:

> "炒鸡子法:打破,着铜铛中,搅令黄白相杂。细擘葱白,下盐米、浑豉,麻油炒之,甚香美。"

铜铛烧热麻油,打鸡蛋,掰碎葱白,与盐、豆豉同下,炒熟即成。除佐料用到了豆豉,与当代炒鸡蛋没多大区别。

"贾指导"提到的"铛",演化自釜,"釜有足曰铛"[2]。此物多为平底,形制似盆,古时常用来烙饼。北齐高祖高欢与近臣宴乐,出一谜语助兴,众人皆猜不出,唯弄臣石动筒破得谜底是"煎饼"。轮到石动筒出谜时,他将高欢的谜语重复了一遍,高欢道:"这谜语朕刚刚才出过,你咋还出?"石动筒道:"借陛下的热铛子,再做一张煎饼。"高欢大笑[3]。铛可烙饼,器壁已较先秦青铜鼎釜薄得多,故可用于炒鸡蛋。《齐民要术》在此之外多番提及炒法工艺:

> "鸭煎法:用新成子鸭极肥者,其大如雉。去头,焊治,却腥翠、五藏,又净洗,细锉如笼肉。细切葱白,下盐、豉汁,炒令极熟。下椒、姜末食之。"

新生的肥仔鸭宰杀去头、内脏和尾,细锉如臊子,和以炒透的葱、盐、豆豉汁、花椒、姜末。

> "酸豚法:用乳下豚,焊治讫,并骨斩脔之,令片别带皮。细切葱白,豉汁炒之,香,微下水,烂煮为佳。下粳米为糁。细擘葱白,并豉汁下之。熟,下椒、醋,大美。"

乳猪连骨剁块,确保每块带皮,同葱白、豆豉汁一道炒香,少放水,煮烂,入粳米、葱白、豆豉汁调味。食前拌以花椒和醋,贾思勰对此赞不绝口。

"贾指导"所发先声，在此后将近五百年间却响应寥寥。大唐盛世，留给炒菜的位置不多，顾况《和知章诗》："钑镂银盘盛炒虾，镜湖莼菜乱如麻。"刘恂《岭表录异》："大蜂结房于山林间……一房中蜂子或五六斗至一石，以盐炒曝干，寄入京洛，以为方物。"唐人炒的，似乎都是虾、蛹之类宜乎干煸的食材。煸炒之目的，在逼出水分，充分激发食物香气，无需大火，而油是关键。炒之一法，大要可分用油与不用油两类，炒米、炒麦、炒茶，食材细小，直接翻炒即可均匀受热，焙干脱水；炒菜则需注入油为传热介质，均匀加热食材，兼使入味。

两汉前的食用油主要取自动物油脂，有角动物的脂肪叫脂，无角动物的脂肪叫膏[4]，还有种说法，凝固的叫脂，融化成液态的叫膏[5]。历史上物资匮乏的时期，平民厨账上，肥肉比精肉更受欢迎，就是因为肥肉可以熬油。动物油脂饱和脂肪含量高，高温下稳定性佳，适于煎炸，优良的起酥性能，赋予食物更酥脆的口感，直到今天，糕点烘焙领域仍在广泛使用猪油。

动物油脂毕竟产量有限，从中古开始，植物油慢慢普及。大豆是中国原产植物，黄河流域的大豆栽培可上溯至 7500 年前[6]，但中国最早的植物油并非来自大豆。西汉初，丝绸之路打通，芝麻传入，芝麻含油量接近大豆的三倍，出油率理想，很快被用于榨油，称为"麻油"或"胡麻油"。汉末魏吴合肥新城之战，孙权亲提十万大军兵临新城，魏国老将满宠募集死士，折松为炬，灌以麻油，在上风处放火，火势随风疾速蔓延，一时战场之上油香弥漫，两军将士酣战之隙，大吞口水，吴军攻城器械泰半烧毁，被迫退却[7]。芝麻油上马能战，下马好吃，因此制霸植物油界近千年，上述《齐民要术》的炒鸡蛋，用的正是芝麻油。唐文宗开成年间，日本学问僧来华求法，在曲阳县遇到一个五台山的化缘僧人，驱着五十头驴子，皆驮载芝麻油，足见产量之巨[8]。宋代"油通四方，可食与然者，惟胡麻为上，俗呼芝麻"[9]。"今之北方，人喜用麻油煎物，不问何物，皆用油煎。"[10] 据《宋会要辑稿》，北宋仁宗天圣初年，朝廷油醋库年接收芝麻油超过万石，芝麻油的领先地位依然不可撼动。不过宋人货架上可选油类明显多了起来，豆油、菜籽油、杏仁油、红花籽油、蓝花籽油、蔓菁籽油陆续问世[9]。油储充沛，底气十足，所以"不问何物，皆用油煎"，有些不识水产的北方厨子，见了蛤蜊也丢进油锅猛煎，煎得半天，伸铲一探，兀自硬邦邦，以为火候不够，鼓风添火，结果煎得焦糊[10]。

宋代，会食制取代分餐制，居于主流。分餐制下，要保证宾客同时用餐，且每人的肴馔不分轩轾，最好准备炖煮、凉菜或煎烤类食物。工艺繁复，特别是火候、时间需要精细控制，以及要求迅速出菜的肴馔，注定难以发展——同器合烹，大锅菜不易精微操作，许多技术无法施用；分开来做，等厨师做好所有宾客的"一人食"，第一锅出锅的菜早凉透了。而会食制下，厨师就无此烦恼，甚至可以将兀自沸腾的菜肴端上餐桌。所以说，会食制促成了炒菜革命，也启发了更多中餐魔法的研究。

北宋，铁矿石开采量攀高，有学者研究指出，到宋神宗元丰元年（1078 年），大宋的钢铁年产量达到了惊人的 7.5 万～15 万吨，这一数字几乎与 18 世纪初包括俄罗斯在内的整个欧洲的铁产量相当[11]。铁制炊具骎骎欲一统天下厨灶，铁锅正是其绝对主力，铁锅壁薄轻便，器形不深不浅，可谓炒菜修炼的完美道场。至此，炒法终于摆脱了煎炸的影子，作为一种独立成熟的烹饪技法，扬眉吐气，席卷井邑，开启了千秋万代的弘伟征途。

宋代炒菜蔚然流行，还有个无可奈何的原因。唐宋人口激增，丝织、制瓷、冶金等高能耗产业发展，木材、柴薪消耗越来越大，森林资源减少，燃料危机不可避免地爆发了。北宋沈括在《梦溪笔谈》中忧心忡忡地写道："今齐鲁间松林尽矣，渐至太行、京西、江南，松山大半皆童矣。"南宋政权迁至植被覆盖率较高的江南，情况依旧不容乐观："今驻跸吴越，山林之广，不足以供樵苏。虽佳花美竹，坟墓之松楸，岁月之间，尽成赤地。根柢之微，斫撅皆遍，芽蘖无复可生。"[8]百姓乏柴，无所不用，园林花竹、陵墓松楸都被砍伐一空，恨不得一根草茎、一株嫩芽都不放过，全部拔来当柴烧。宋代市民阶层人均可支配柴薪资源到了极其匮乏的境地，北宋东京的情况最严重。东京常住人口超过百万，即使放在森林资源丰富的时代，燃料供应亦大成难题，历唐代数百年之耗，京洛之地，森林早近枯竭。大宋草创之初，朝廷即尝试解决该问题，多番下诏，对运进东京的柴草、薪炭给以免税优待，以期开源，然而绠短汲深，成效不大。宋真宗大中祥符五年（1012 年）冬，民间柴炭短缺，贵至每秤二百文，朝廷为平抑炭价，拨官仓所储四十万斤柴炭，半价售予贫民，百姓争相挤购，互相踩踏而死者不计其数[12]。宋仁宗嘉祐三年（1058年）冬，气候大寒，冻死者相枕道路，薪炭、食物价格腾贵，贫民无力购置，为免于冻馁折磨，很多人选择投缳沉河自杀，赫赫皇都，一片惊心惨目。宋仁宗避殿损膳，以示畏天忧民，却拿不出什么妥善应对的方案[13]。举国之力奉养的首善之地，燃料尚且紧缺至此，北方其他城市的情形可想而知。

〔南宋〕梁楷《六祖斫竹图》

解决资源匮乏问题，无非开源节流。开源之道，重在新型资源的开发，自北宋起，中国进入大规模应用煤炭时代，庄绰《鸡肋编》夸张地写道："昔汴都数百万家，尽仰石炭，无一家燃薪者。"说北宋东京汴梁家家户户皆仰赖煤炭，虽言过其实，亦见得煤炭使用之广，以及柴薪枯竭情形之严重。节流方面，铁锅推广是一项得力举措。铁制炊具的热利用效率为陶器的58倍，可节省98.3%的燃料[14]。锅底部呈半球形，相比平底的铛，接触火焰的面积更大，热能利用效率更高，适合迅速加热，同时确保器内食材受热均匀，大幅提升了柴薪的燃烧值。与之相应的便是炒法兴起。柴薪乏用的时代，粗大木柴难以求觅，民家柴禾多是拾荒捡来的细小灌木枝桠、干草、枯叶乃至颖壳，这些东西燃烧快，不能持久，恰好适配炒菜。手脚麻利的主馈，

《天工开物》中的挖煤

一把干柴，勺起铲落，足可炒出一桌子菜。等量的燃料，放到从前鼎鬴炖肉、沉迷烧烤的时代，恐怕连汤都烧不温。

无柴而炊的宋人，在灶膛上发起了一场味蕾解放革命。"落日熔金，暮云合璧"，炊烟十万人家，锅铲声声遒壮，浓郁的香气连结而起，汹涌

江湖。于是渔歌停，牧笛歇，花枪毡笠，挽一葫芦老酒，寻香觅醉，这是宋人平凡的浪漫。炒菜普及不久，平凡中的极致工艺——爆炒便脱颖而出。武火热油，一烹而起，气吞万里如虎，六道三界，千亿奇秀，刹那尽收：

> "肉生法：用精肉切细薄片子，酱油洗净，入火烧红锅、爆炒，去血水、微白，即好。取出，切成丝，再加酱瓜、糟萝卜、大蒜、砂仁、草果、花椒、橘丝、香油拌炒。肉丝临食加醋和匀，食之甚美。" [15]

意即精肉切极细极薄，腌浸酱油入味。锅烧炽热，下肉爆炒至色白断生，切成肉丝，与酱瓜、糟萝卜、大蒜、砂仁、草果、花椒、橘丝、香油拌匀略炒，起锅淋醋。一千年后我们坐在一盘爆炒肉片面前，无暇想象这门与《九阴真经》同期的江湖绝学昔日风光，金庸笔下的大宋群雄早已进入轮回，而这道爆肉片兀自热气腾腾，活色生香。

肉片浸入酱油腌渍入味，与现代厨房的处理方式一脉相承。宋代以前，中国人最重视的调味品是豆豉，及其附属产品豉汁、豉清（酱清）。宋代，豉清进化，宋人文献开始以"酱油"相称，苏轼《格物粗谈》："金笺及扇面误字，以酽醋或酱油用新笔蘸洗，或灯芯揩之即去。"这是把初代酱油当成了消字灵用。南宋一部隐士食谱《山家清供》，所录唯竹松兰芷，山植野蔬，清淡之馔，佐味多取酱油，如一道柳叶韭："韭菜嫩者，用姜丝、酱油、滴醋拌食。"又如山海羹："春采笋蕨之嫩者，以汤瀹过，取鱼虾之鲜者，同切作块子，用汤泡裹蒸熟，入酱油、麻油、盐，研胡椒，同绿豆粉皮拌匀，加滴醋。"

炝白菜，千年来最常见的平民家肴。白菜梗沸水焯至半熟，搌干水分，切碎，下油锅快炒，盛出加醋，须臾可食：

> "暴齑：菘菜嫩茎，汤焯半熟，扭干，切作碎段。少加油略炒过，入器内，加醋些少，停少顷，食之。" [15]

明代辣椒传入前，想要赋予炒菜劲烈的口感，多半需借助花椒。花椒原产自中国，以四川所产为佳，故称"川椒""蜀椒"。四川人自晋唐宋元以来一直嗜食茱萸、花椒之类辛辣之物，为后世川菜标志性风味形成的基础。宋元时期蜀人炒鸡，同现在的辣子鸡相比，似乎只缺一味辣椒：

"川炒鸡：每只洗净，剁作事件。炼香油三两炒肉。入葱丝盐半两，炒七分熟。用酱一匙，同研烂胡椒、川椒、茴香，入水一大碗，下锅煮熟为度。加好酒些小为妙。"[16]

欧阳修说，诗文穷而后工。人类在严峻处境中勃发的生命力往往格外动人，格外持久。明清两朝，森林覆盖率等而下之，柴薪日乏，铸铁和榨油技术却在进步，因此炒菜的火焰不曾熄灭，它在危机与文明凿构的夹缝中延烧下去，从贾思勰笔下那一点星火跳荡开来，布野燎原，溢彩流光，照亮、填充了无数生命，也照亮、填充着历史的景深。

注释

［1］冯淑玲 . 中原地区秦汉青铜炊具初步研究 [D]. 郑州大学，2018.

［2］〔北宋〕《太平广记》引〔东汉〕服虔《通俗文》。

［3］〔隋〕侯白《启颜录》。

［4］〔东汉〕许慎《说文解字》。

［5］〔唐〕孔颖达《礼记疏》。

［6］陈雪香，马方青，张涛 . 尺寸与成分：考古材料揭示黄河中下游地区大豆起源与驯化历程 [J].
中国农史，2017（3）：18-25.

［7］《三国志·魏书》。

［8］〔唐〕圆仁《入唐求法巡礼记》。

［9］〔南宋〕庄绰《鸡肋编》。

［10］〔北宋〕沈括《梦溪笔谈》。

［11］［美］罗伯特·哈特威尔 . 北宋时期中国铁煤工业的革命 [J]. 中国史研究动态，1981(5)：15.

［12］《宋会要辑稿》。

［13］〔南宋〕李焘《续资治通鉴长编》。

［14］赵九洲 . 古代华北燃料问题研究 [D]. 南开大学，2012.

［15］《吴氏中馈录》。

［16］〔元〕《居家必用事类全集》。

蔡京的享受

大凡文人作"奸佞传"、坊间造"奸臣榜"，总有几个名字难免在列：秦朝赵高、唐朝杨国忠、北宋蔡京、南宋秦桧、明朝严嵩、清朝和珅。此辈辅政，营私废公，或侵吞国帑，或戕害忠良，或兼而有之，以一人之利误尽天下人，终为天下人的口水钉在耻辱榜上。

奸臣并非生下来便是奸的，秦桧早期反对大幅割地，力主抗金；和珅腐化之前洁清自矢，为乾隆帝座下得力反贪先锋。蔡京年轻时，器量宏远，人品俊雅，是个天资卓越的美少年。争奈官场如海，人心如渊，俱不可揣测，湛浸日久，这些往日的屠龙少年，便敌不过苦难折磨，权力腐蚀，堕落为贪浊的恶龙，荼毒当初拳拳守卫的社稷人间。

北宋中末叶，变法的狂风激荡朝野，新法立而废，废而复，大批官僚——包括蔡京在内被裹挟于时代的洪流中，随之沉浮。宋神宗朝，王安石秉政，初入仕途的蔡京即表示服从领导安排，支持变法；哲宗元祐朝，司马光主政，尽废新法，蔡京见风使舵，积极响应；司马光死后，哲宗亲政，恢复新法，蔡京又全力赞成。如此乖觉听话乃至依违首鼠的蔡京，却在宋徽宗即位之初，因党争之故，先后遭临朝听政的向太后罢黜、政敌弹劾夺职。自命尽忠匡辅、一心务实的蔡京大受伤害，生出"国事不堪闻问，不若明哲保身"之想，索性自暴自弃，彻底沉沦。此后专意钻营，勾结童贯复起，入朝拜相，以变法为名，清洗忠义，极力搜刮，毒被全国，端的是"恶忠直若仇雠，视生民如草芥"。而他的主子宋徽宗赵佶即位前原是位王爷，王爷乃天下第一清贵闲逸之爵，为避皇帝猜忌，身为王爷，越少干政越好，越贪图享乐、胸无大志、皇帝越放心，不务正业，便是王爷的"正业"。是以赵佶的技能树上，丹青笔墨、骑射蹴鞠、寻花问柳，无所不点，就是没点过帝王之术。本来嘛，治国理政根本轮不到他，何必放着优游的日子不过，去留心那些既难掌握又招惹嫌疑的东西？孰料皇兄宋哲宗二十五岁便撒手人寰，连个皇储都没留下，赵佶这才被赶鸭子上架，坐上了他人生规划中从未准备要坐的位子。

〔北宋〕赵佶《听琴图》局部

赵佶登极那年，已满十八周岁。一个成年人要想彻底改易从前的积习癖好，进入一种全新的人生角色，殊为不易，况且还有蔡京之辈投其所好，煽惑恣纵。我们不可能指望赵佶某天早上睁开眼，突然神明朗照，大彻大悟，从此改头换面，摈绝宴安，逐除奸邪，做个圣明天子。

自古皇帝奢靡，必倚仗贪墨之臣敛财，凡土木崇饰、巡幸游观之费，悉索于墨臣，墨臣索于地方，地方又索于黎民。乾隆之倚和珅如是，宋徽宗之倚蔡京亦如是，和珅、蔡京之辈雁过拔毛，足以自肥。

蔡京的贪腐，虽未见得胜过和珅，亦当世罕匹。据说他府上养了一支庞大的后厨团队，仅帮厨的使婢——如洗菜工、切菜工，就多至数百人，比之现代星级酒店餐饮部的员工规模，有过之而无不及。掌馈的主厨通常维持着十五人的编制[1]，多为身价昂贵的"厨娘"。

厨娘是中国女性迈入职业化的先驱，职业厨娘地位匪低，非卑礼厚币无以延聘，与"三姑六婆"之流不可同日而语。新疆阿斯塔那古墓出土的彩绘人俑已可见厨娘形象，梳高髻，着半臂、石榴裙，可惜文献记载欠缺，我们对唐代厨娘的手艺、生活情形不大了然。宋代画像砖上的厨娘（见河南偃师酒流沟宋墓），头拢夸张高髻，戴冠，臂腕着条脱（臂钏），系紧身围裙，身段修长玲珑。古人袖口宽大，不易挽束，宋元时期流行起一种专门缚扎袖子的工装配件，叫作"攀膊"。攀膊是一条或两条绳索，挂搭在肩颈上，可以固定挽起的袖子，保护衣袖不致垂落弄脏，并起到协助提拉的省力作用。据《江行杂录》等宋人笔记载，宋代厨娘普遍使用攀膊，央视版《水浒传》中的潘金莲蒸炊饼时，臂上即悬有此索。

宋代城市女性职业化程度颇为可观，南宋廖莹中《江行杂录》：

> "京都中下之户，不重生男，每生女，则爱护如捧璧擎珠。甫长成，则随其资质教以艺业，用备士大夫采拾娱侍。名目不一，有所谓身边人、本事人、供过人、针线人、堂前人、剧杂人、拆洗人、琴童、棋童、厨娘等级，截乎不紊。就中厨娘，最为下色，然非极富贵家不可用。"

那时城市中低产阶层重女轻男，谁家生个儿子，一片叹息，若生的是女儿，那便举家欢喜，捧如拱璧，原因无他——女孩子就业前景开阔光明，成材率比男孩高得多。女孩子的教育有一套系统的机制，长到一定年龄，因材施教，培养专长，教成之后，自有豪右重金雇聘。考据起来，上文列举的"身边人""本事人""供过人"云云，皆属于侍婢一类，以今天的眼光看，她们身份低贱，不免承贵人颜色，但考虑到当时的社会形态、生产力发展水平，这也是无可奈何之事。

上列诸般职业，厨娘敬陪末席，却是为数不多的技术型工种，不必像贴身侍奉的"身边人"那样过分地依赖雇主，仰人鼻息。倘若在这家待得不爽，大不了锅铲一摔，跳槽而去。市场对厨娘的需求旺盛，手艺精湛者，不愁找不到下家，且聘用者非富即贵，一般官宦使唤不起。

廖莹中《江行杂录》记录了一个例子。有个出身寒素的太守，悬车还乡后打算享享清福，过几天舒服日子。他记得当年为官之时，在某同僚府上用晚膳，那位同僚用了一个京城厨娘，所调羹馔可口非凡，于是思量着也聘用一位妙手佳人，那么晚年便有口福可享了。他写信给京中做官的朋友，托他们代为物色推荐。未几，有朋友回信，说是幸不辱命，找到一位合适人选，近日刚刚从一位大员府中辞职出来，正值花信年纪，长得漂亮，能书能算，手艺更是一绝，即日派人护送上门，你老兄就等着纳福吧。

老太守在家等了十几天，等得脖子都长了，终于等到一封手帖，是那厨娘亲笔，报告说自己已经到了，现驻憩于五里之外，希望主人可以派顶轿子接她进府，以成体面。太守见那字体端丽，词旨委婉，远非庸碌女子所及，心下大悦："高级人才果真名不虚传，寻常的厨子能识字就不错了，哪里写得这样一笔漂亮的小楷！家有此等妙人，今后请客会友，非大大替我露脸不可。"二话不说，赶紧打发轿子去接。已而暖轿进门，只见一位妙龄女郎跨轿而出，红衫翠裙，亭亭娉娉，先拜主人，次拜主母，举止娴雅，真具林下风致。太守大喜，连称"可人"，来看热闹的亲友也纷纷起哄，要办席酒贺一贺。那厨娘十分识趣，知道这是众人要试试她的手艺，当下主动请缨，愿一展身手。太守说道："不必张罗盛筵，明日先办一桌五杯五盘的便饭罢。"厨娘请示菜单，太守点了一道白切羊头肉，其余听凭厨娘发挥自便。厨娘恭谨领命，俄而开出采购清单，太守一看，吓了一跳，一盘羊头肉居然要用十个整羊头，五小碟蘸肉的葱齑（类似于韭花酱）需五斤葱，其他菜肴亦耗费极高。太守惊怪，不过头一回打交道，不好驳斥，姑且批了，且看她如何料理。

翌日一早，采买的小厮复命说食材备齐。厨娘命丫头打开她携来的一口箱子，内中锅铫勺盘一应俱全，银光射目，所有厨具，竟都是白银打就！全家人目瞪口呆，看着厨娘指挥丫头取刀置砧，围袄围裙，高挽翠袖，搭条银索攀膊略一扎束，款步走进厨房。贴身丫头早撑开胡床伺候着了，厨娘往那一坐，驾轻就熟地调配人手擦锅抹灶，洗菜生火。等基础工作准备得差不多了，才徐徐起身，接过菜刀在手，运使如风，刲腴击鲜，切削批窅，纯熟精细，直似庖丁解牛，若非亲眼所见，恐怕没人相信这么一位二十来岁的漂亮姑娘，竟能使出如此刀法。众人瞧得叹为观止，忽而一阵心疼，原来厨娘焯过羊头，两刀削下脸肉，剩下的部分，随手丢在了地上。众人看那羊头，起码还有几斤好肉，怎么说丢就丢了？厨娘手上不停，淡淡地说道："一只羊头就这么点精华，我既取下了，还留着做甚？"有那俭省的老仆看不过去，将羊头捡了起来，厨娘冷眼笑道："这人是属狗的么。"众人虽怒，无语以答。

葱齑的取材原则也是一样，只取精华——沸汤飞水，绿色的葱叶全部砍掉，留下葱白，视碟子大小切段。再剥去葱白外层，只用那韭黄般的一小茎葱心，其余一应俱弃，了无顾惜。

精益求精极选而出的食材，做出来的东西自然差不到哪里去。饭菜上桌，座客举箸一尽，相顾称好，老太守大感光彩。撤席之后，太守召来厨娘，极口夸赞，厨娘面无骄色，静静等待主人说完，整襟拜道："今日试厨，幸得主人嘉许，请照例犒赏。"太守愕然，以前用的厨子可从来不曾请过赏，这位才来一天，就伸手要红包了？方在迟疑，厨娘开口道："婢子这儿有几份成例，主人可以参考。"取出几张单子，呈予太守道："这是婢子昔日在京所得的赏单。"太守接过一看，倒吸一口凉气，厨娘的前任主顾，每次操办宴会都会放赏，有时赏绢帛数十匹，有时赏钱十几贯，家常便饭则减半。太守心里一叠声地叫苦："做一顿饭放一回赏，我那点养老俸银，哪里经得起折腾！"咬牙跺脚，先付了这一餐的赏钱，没过几天，找个借口把厨娘辞退了。

像这样子暴殄材料、糜费无度的厨娘，休说寻常人家，就算一般的官僚阶层都养不起。而蔡京府上，至少养了十五人之多，每位厨娘手下又统领大批使婢，精工细作：

> "有士夫于京师买一妾，自言是蔡太师府包子厨中人。一日，令其作包子，辞以不能。诘之曰：'既是包子厨中人，何为不能作包子？'对曰：'妾乃包子厨中缕葱丝者也。'曾无疑乃周益公门下士，有委之作志铭者，无疑援此事以辞曰：'某于益公之门，乃包子厨中缕葱丝者也，焉能作包子哉！'"[2]

宋代大户人家多设"四司六局"，即帐设司、厨司、茶酒司、台盘司，与果子局、蜜煎局、菜蔬局、油烛局、香药局、排办局，将仆役部门化分工，安排执事。而太师府这等顶级豪府，四司六局已不敷差遣，仆役划分更精细，司、局之下，再设分管部门。有个官员从京师买得一妾，据说曾是蔡京蔡太师府"厨司"之下"包子厨"的厨娘。官员满心憧憬："咱以后也可以享受享受太师的口福了！"蜜月期一过，官员便令那小妾做包子，小妾表示拒绝，说："我不会。"官员诧怪："你不会？你不是太师府上包子厨的吗？怎能不会做包子？"小妾道："妾身在包子厨，只负责切葱丝，其余和面、擀皮儿、切肉、调馅儿、裹馅儿、笼蒸，各有专人负责，妾身都不曾做过，所以不会。"好家伙，切葱丝都是专人专职，今天的米其林三星亦望尘莫及。太师府为做包子专门组建了一套职业班子，由此推想，包馄饨也该有一套班子，煮面条一套班子，蒸鱼一套班子，炖羊肉一个班子，炒羊肚一套班子，腌咸菜一套班子，切水果一套班子……每种食馔，至少需求量大的常用食馔，皆各具班子，无怪乎整个厨房佣工多达数百人。

组建这套庞大的奴仆团队，以及惊人糜费的基础，是"举天下之财而尽用"的疯狂敛财。除了打着服务朝廷、变法理财的旗号雁过拔毛，蔡京一生四度为相，宰执十七年，势倾中外，有的是路子贪赃纳贿。每逢生日，各地官员奉献大宗礼物，称为"生辰纲"。卖官鬻爵更是拿手好戏，当时盛行一种卜卦测运之术，名为"轨革"，士大夫卜问前程，往往画一人戴草而祭，暗指"蔡"字，谓升官晋级，必由其门 [3]。官场有云："三百贯，直通判，五百贯，直秘阁。"这三五百贯的大头，多半进了蔡京的宅库，供他犒赏厨娘，浪费羊头了。

蔡京的书法

蔡京六个儿子、五个孙子为学士。长子蔡攸跟他爹一样，掌枢宅揆，官拜宰相，其骄奢淫逸，亦如乃父。蔡攸时时入宫侍宴，席间短衫窄裤，涂青抹红，装扮得如同戏子一般，与优伶舞伎戏笑取乐，博皇上开心。有一回他对宋徽宗说："所谓人生，当以四海为家，太平娱乐。岁月几何，岂能徒自劳苦！"意思是人生苦短，及时行乐才是正经，何必辛辛苦苦工作。身为宰相，"三观"糜烂至此，满脑子逸豫懒政，怎能平章政事？天子荒嬉怠惰，宰相不事谏诤，反倒从旁蛊惑，怂恿皇帝耽乐，国家安得不亡？蔡氏父子把持事权，蔽欺天子耳目，自己不劝皇帝学好，也不许旁人劝，满朝忠直罢尽，言路塞绝，官员稍加违忤，立时攘斥：

> "宣和中，蔡居安提举秘书省。夏日，会馆职于道山，食瓜。居安令坐上征瓜事，各疏所忆，每一条食一片。坐客不敢尽言，居安所征为优。欲毕，校书郎董彦远连征数事，皆所未闻，悉有据依，咸叹服之。识者谓彦远必不能安，后数日果补外。" [4]

说的是宋徽宗宣和年间，蔡攸掌管秘书省，这年夏天，他办了一个水果派对，请下属们吃瓜消暑。古代读书人的圈子，原是流行此种雅集的，松风竹月，轻裘缓带，投壶雅歌，寻觞啸咏，尽一时之风流。雅集上可玩的节目很多，拈题分韵，讲谈掌故，不一而足。这天蔡攸玩的花样是"征事吃瓜"，在座中人，每说出一条关于瓜的典故，便可以吃一片瓜。当然，吃瓜只是由头，主要目的是考较肚子里的墨水，比拼腹笥。高洁君子，文酒之会上，行此游戏，大为韵事。若座客中杂着一位领导，且是位心胸殊不宽广的领导，这件事就变得索然无味了。蔡攸这些下属，不是著作郎、秘书郎，就是校书郎，管理着国家图书馆，专司刊缉经籍、撰集文章，哪一个不是饱学之士？但与会者大多了解蔡攸的为人，知道他刚愎褊狭，说是让大家集思广益，实际上绝不容许有人胜过了他，因此都默默做着安静的吃瓜群众。只有一个愣头青校书郎董彦远不晓事，"连征数事，皆所未闻，悉有据依，咸叹服之"，大出风头，把蔡攸虐了个灰头土脸，几天之后，就被调走外放了。

　　蔡氏政由己出，一手遮天，就算纵侈无度，也没人敢管，除非他们自己天良发现："蔡京作相，大观间，因贺雪赐宴于京第，庖者杀鹌子千余。是夕，京梦群鹌遗以诗曰：'啄君一粒粟，为君羹内肉。所杀知几多，下箸嫌不足。不惜充君庖，生死如转毂。劝君慎勿食，祸福相倚伏。'京由是不复食。"[5]一顿饭杀了上千头鹌鹑，杀得蔡京心惊肉跳，晚上做了个噩梦，从此不敢再碰这一口。而其他食材，靡费依旧，有一次留讲议司官员吃饭，仅蟹黄馒头一项就花了一千三百多贯：

> 　　"蔡元长为相日，置讲议司官吏数百人，俸给优异，费用不赀。一日，集僚属会议，因留饮，命作蟹黄馒头。饮罢，吏略计其费，馒头一味为钱一千三百余缗。又尝有客集其家，酒酣，京顾库吏曰：'取江西官员所送咸豉来。'吏以十瓶进，分食之，乃黄雀肫也。元长问尚有几何，吏对以犹余八十有奇。"[6]

黄雀肫（腌制的黄雀胃）却说是"咸豉"，或许是送礼的"江西官员"掩人耳目的手法。从鹌鹑到黄雀，看来蔡京对小型禽类情有独钟。事实上蔡京最嗜之味，正是一种名为"黄雀鲊"的东西，他倒台之后，有司到太师府抄没家产，发现了三个古怪仓库，坛坛罐罐直堆到屋顶，打开坛子一看，里面装的全是黄雀鲊：

> "蔡京库中，点检蜂儿见在数目，得三十七秤。黄雀鲊自地积至栋者满三楹，他物称是。"[7]

鲊是何物，令一代巨贪痴迷至此？观字形可知，此物跟鱼有关。东汉郑玄《周礼注》介绍周天子用来祭祀的珍馐，留下了先秦时期鲊的吉光片羽："谓四时所为膳食，若荆州之鳐鱼，青州之蟹胥，虽非常物，进之孝也。"蟹胥，是捣碎的蟹，以曲、盐、酒腌制发酵的蟹酱[8]；鳐（zhǎ）即是鲊，意为"藏鱼"[9]，也就是腌鱼。具体的腌制之法，西汉刘熙《释名》："鲊，菹也，以盐、米酿之如菹，熟而食之也。"北魏贾思勰《齐民要术》叙述更详：

> "凡作鲊，春秋为时，冬夏不佳。取新鲤鱼，去鳞讫，则脔。脔形长二寸，广一寸，厚五分，皆使脔别有皮。手掷着盆水中，浸洗去血。脔讫，漉出，更于清水中净洗。漉着盘中，以白盐散之。盛着笼中，平板石上迮去水。水尽，炙一片，尝咸淡。炊秔米饭为糁，并茱萸、橘皮、好酒，于盆中合和之。布鱼于瓮子中，一行鱼，一行糁，以满为限。腹腴居上。鱼上多与糁。以竹箬交横帖上，削竹插瓮子口内，交横络之。着屋中。赤浆出，倾却。白浆出，味酸，便熟。食时手擘，刀切则腥。"

说的是春秋最宜做鲊，冬夏非时，因为冬季天冷，发酵不充分；夏季则反之，发酵太过，鲊容易生蛆，多加盐倒是可以规避这一点，但又难免太咸。"贾指导"推荐的原料是新鲜鲤鱼，去鳞、切块、洗净、撒盐腌出水，榨干，以防腐烂。米饭炊熟，同茱萸、橘皮、酒拌匀听用。鱼块齐铺铺码进瓮子，一层鱼上铺一层米饭，用竹叶或箬叶封顶，瓮口密封，置阴凉处。每腌一段时间，瓮口就会析出红浆，弃去，等浆液转白，其味作酸时，便大功告成。

加入米饭腌制，是鲊的招牌特色，也是其技术关键。俗话说得好："做鲊如果没有米饭，跟咸鱼有什么分别？"鲊没有米饭，那便不复为鲊，只能叫做咸鱼了。米饭是乳酸菌的培养基，乳酸菌发酵，产生乳酸，渗入鱼肉，成为鲊特有的酸香味来源，并起到防腐作用。

米饭加鱼，是东亚、东南亚、南亚以米饭为主食的国家常见的饮食符号，各国传统文化分别有其独特表达。在日本，该符号的印象集中于寿司身上。日本这张美食名片，推原论始，正是发祥于两千年前中国人的鲊瓮中。现代日本寿司店的暖帘（暖簾）之上，依然飘逸着"鲊"或"鮨"的字样，鮨（yì）亦鲊之属[10]，10世纪日本平安时代颁施的法令《延喜式》明确出现了"鲊"和"鮨"字，约同一时期，古老的"鲋寿司"开始流行。日本人做寿司的初衷跟中国人做鲊一样，是为了延长鱼类的贮藏期。早期寿司的做法也承袭了鲊的工艺，今天日本滋贺县制作鲋寿司仍在沿用古法：鲋鱼内脏清理干净，鱼体、腹腔均匀抹盐腌制。两三个月后，取出脱水的鲋鱼洗净，鱼腔内重新填入盐和米饭，埋进盛有蒸米饭的容器发酵。用此法制就的寿司，可存放两年不败。

依标准流程做鲊，费时许久，令人心焦。等不及想先品为快的急性子另辟蹊径，创制了速成的"裹鲊"。《齐民要术》：

"作裹鲊法：脔鱼，洗讫，则盐和糁。十脔为裹，以荷叶裹之，唯厚为佳，穿破则虫入。不复须水浸、镇迮之事。只三二日便熟，名曰'暴鲊'。荷叶别有一种香，奇相发起香气，又胜凡鲊。有茱萸、橘皮则用，无亦无嫌也。"

鱼块、盐、米饭，厚裹荷叶，三日可食，其造型俨然就是大号的太卷寿司。速成鲊饱吸荷叶清香，风味别致，拥趸无数，王羲之便是其中之一。王羲之、献之爷俩皆嗜食鲊，羲之有《裹鲊帖》行世："裹鲊味佳，今致君。所须可示，勿难。当以语虞令。"[11]此外又有《吴兴鲊帖》，献之亦尝作《白鲊帖》，持鲊赠人。

时以鲊为珍味，阀阅饷馈，平民卒不可得。东晋名将陶侃出身寒素，少为小吏，管着一处官府鱼梁（捕鱼设施），私底下昧了一点鱼，腌制成鲊，带给母亲尽孝，反被母亲一通数落："汝为吏，以官物见饷，非唯不益，乃增吾忧也！"[12]设或蔡京的家风清正若此，耳提面命之下，不知父子贪苛之性能否稍得悛移？

🍲 • 猪肉鲊

六朝之前谈鲊，必以鱼制。六朝时候，世人思维发散，开发出猪肉鲊，与蒜泥、姜、醋同食。今天湘西、湘南的"鲊肉"，或许便是一千五百年前猪肉鲊孑遗。《齐民要术》：

> "作猪肉鲊法：用猪肥𤱚肉。净焊治讫，剔去骨，作条，广五寸。三易水煮之，令熟为佳，勿令太烂。熟，出，待干，切如鲊脔，片之皆令带皮。炊粳米饭为糁，以茱萸子、白盐调和。布置一如鱼鲊法。泥封，置日中，一月熟。蒜齑、姜鲊，任意所便。"

🍲 • 羊肉鲊

鱼的垄断被破除，其他食材纷纷掺和进来，美食家几乎把一切能吃的东西都拿来搭上米饭，封进瓮子里尝试做鲊了，代表作有"羊肉版"速成鲊：

> "开宝末，吴越王钱俶始来朝。垂至，太祖谓大官：'钱王，浙人也。来朝宿共帐内殿矣，宜创作南食一二以燕衎之。'于是大官仓卒被命，一夕取羊为醢……以献焉，因号'旋鲊'。至今大宴，首荐是味，为本朝故事。"[14]

🍲 • 蛏子鲊

> 蛏鲊："蛏一斤，盐一两，腌一伏时。再洗净，控干，布包石压，加熟油五钱，姜、橘丝五钱、盐一钱、葱丝五分，酒一大盏，饭糁一合，磨米拌匀入瓶，泥封十日可供。"[15]

软体动物为鲊，蛏子鲊便是一例。一斤蛏子肉，一两盐，盛夏腌十至二十天。洗净，巨石榨干水分，同熟油五钱、姜和橘丝共五钱、盐一钱、葱丝五分、酒一大盏、米饭一合（gě，十勺等于一合），以及米粉拌匀，泥封入器，密封十日可食。

食 · 茄子鲊

蔬菜为鲊，以茄鲊为例：

> "茄子不以多少，切破，沸汤炸，漉出控干，用炒米饭、莳萝、川椒、姜、葱丝，炼熟油炒盐拌匀，看滋味恰好，新瓶紧按面上，更着箬叶盖密封，不可犯生水。" [16]

食 · 蚂蚁鲊

除了常见食材，一些稀奇食材亦可为鲊，如蚂蚁鲊：

> "岭南暑月欲雨，则朽壤中白蚁蔽空而飞，入水翅脱，即为虾。土人遇夜于水次秉炬，蚁见火光，悉投水中，则以竹筛漉取，拼之如合捧，每拼一两钱，以豚胾参之为鲊，号天虾鲊。又有大赤蚁，作窠于木杪，有数升器者取其卵并蚁，以糁洎姜盐酿为鲊，云味极辛辣。" [16]

食 · 黄雀鲊

最负盛名的，当然莫过蔡太师府上爆仓的黄雀鲊。黄雀是候鸟，每年秋季从繁殖地内蒙古东北部及东北北部，经沿海地区飞往江南越冬 [17]。届时东南之地，翠羽漫野，清啼盈林，宋人张网以待，不需劳力，即可捕得千百。一般庖治之法，如宋代《吴氏中馈录》所述：

> "黄雀鲊：每只治净，用酒洗，拭干，不犯水。用麦黄、红曲、盐、椒、葱丝，尝味和为止。却将雀入匦坛内；铺一层，上料一层，装实。以箬盖篾片扦定。候卤出，倾去，加酒浸，密封久用。"

苏轼《送牛尾狸与徐使君》："通印子鱼犹带骨，披绵黄雀漫多脂。"施元之注："黄雀出江西临江军，土人谓脂厚为披绵。"故黄雀鲊又称"披绵鲊"。吴淑有诗云"晓羹沉玉杵，寒鲊叠金绵"，"玉杵"指山药，金绵便是切作细丝的黄雀鲊[18]。元代《事林广记》：

> "披绵鲊：黄雀净燖，除嘴、目、翅、足，破开去脏，用刀背拍平，粗纸渗去黑血，不得见水，以酒净洗控干。每斤用炒盐、熟油各一两，法酒一银盏拌匀。每两枚首尾颠倒为一合。内入椒五粒，葱丝数条，马芹少许，麦子十粒。入瓮按实密封，比常鲊加十日熟。凡鲊，石灰泥头可留半年。"

此时的鲊已脱去米饭，而至晚自宋代起，随着炊具器壁渐薄，煎炒盛行，鲊的吃法也有所革新，不再像汉晋六朝那样从坛子里取出来便半生不熟地吃，油煎成为主流。南宋某位皇太子的日常膳单上，记录了一道菜叫作"煎三色鲊"[19]，大概就是三种鲊的油煎什锦。想想看，腌制入味的肉、鱼之类的食材，沸油爆香，同时杀灭微生物，与汁汁水水的"生吃"相比，口感滋味一定有天壤之别。明代宋诩的《宋氏养生部》进一步建议，挂糊油炸，鲜香之余，更添松脆：

> "黄雀鲊（三制）：一用黄雀鲜肥者，薄酒涤洁，软帛抹干，背刳之。腹间置小麦数粒，葱屑、花椒碎颗少许，以头尾颠倒相覆，每二十头叠一小罐，调香熟油，酒浆炒，盐、花椒、葱屑浇没一寸，取竹篾关实封固，收藏甚久。用宜醋：一宜方切小脔，和水调鸡鸭卵、花椒、葱白屑，入器蒸；一宜染水调面，油煎。"

宋人既好捕黄雀，烹法复又升级，无怪此味风靡，除蔡京而外，倾倒者大有人在。黄庭坚《谢张泰伯惠黄雀鲊》：

去家十二年，　黄雀悭下箸。
笑开张侯盘，　汤饼始有助。
蜀王煎豵法，　醢以羊麃兔。
麦饼薄于纸，　含浆和咸酢。
秋霜落场谷，　一一挟黄絮。
飞飞蒿艾间，　入网辄万数。
烹煎宜老稚，　罳岳烦爱护。
南包解京师，　至尊所珍御。
玉盘登百十，　睥睨轻桂蠹。
五侯哆豢豹，　见谓美无度。
瀍河饭食浆，　瓜菹已佳茹。
谁言风沙中，　乡味入供具。
坐令亲馔甘，　更使客得与。
蒲阴虽穷僻，　勉作三年住。
愿公且安乐，　分寄尚能屡。

杨万里《谢亲戚寄黄雀》：

万金家书寄中庭，　牍背仍题双梅并。
不知千里寄底物，　白泥红印三十瓶。
瓷瓶浅染茱萸紫，　心知亲宾寄乡味。
印泥未开出馋水，　印泥一开香扑鼻。
江西山间黄羽衣，　纯绵被体白如脂。
偶然一念堕世网，　身插两翼那能飞。
误蒙诸公相俎豆，　月里花边一杯酒。
先生与渠元不疏，　两年眼底不见渠。
端能访我荆溪曲，　愿倚前筹酌郫酿。

从王羲之到杨万里，名士收受礼物，一坛腌肉赋帖答诗，谦恭笃挚，这是名士的礼数。污吏赃臣，纵名茶名酒、宝马雕车，未必放在眼里，这是赃臣的死气。蔡京府上满满三仓库的黄雀鲊，老实说并不能确切证明蔡京有些嗜好，也许馈赠此物是彼时风气。无数有所希求而未打听清楚的干谒者，捧着一坛一坛常人视为珍味的黄雀鲊，兴冲冲送进太师府，全不知人家府上早已堆山积海，无处可置了。这是干谒者的悲哀，更是王朝的悲哀，当一坛坛悲哀堆积至顶，早已腌烂了的大宋王朝无力承受，轰然坍塌，冲垮了王朝的门户、王朝的墙垣。

北宋宣和七年（1125年），金军兵分两路南侵，宋徽宗仓皇禅位，太子临危登极，是为宋钦宗。次年，靖康元年，徽宗、蔡京、童贯弃京出逃，朝野群起痛斥，极请斩蔡京、王黼、童贯等六贼，以谢天下。不日有敕，蔡京贬官流放，后徙儋州安置，行至潭州，一瞑不视[20]，留下满满三间屋子的黄雀鲊未得入口，一如身后无以自赎的百世骂名。

注释

[1]〔明〕郭良翰《问奇类林》。

[2]〔南宋〕罗大经《鹤林玉露》。

[3]〔南宋〕陆游《老学庵笔记》。

[4]〔南宋〕王明清《挥麈录》。

[5]〔南宋〕马纯《陶朱新录》。

[6]〔南宋〕曾敏行《独醒杂志》。

[7]〔南宋〕周辉《清波杂志》。

[8]〔清〕段玉裁《说文解字注》。

[9]〔东汉〕许慎《说文解字》。

[10]〔东晋〕郭璞《尔雅注疏》。

[11]〔东晋〕王羲之《王右军集》。

[12]〔南朝宋〕刘义庆《世说新语》。

[13]〔北宋〕蔡绦《铁围山丛谈》（按：蔡绦系蔡京第四子）。

[14]〔南宋〕《吴氏中馈录》。

[15]〔元〕陈元靓《事林广记》。

[16]〔北宋〕张师正《倦游杂录》。

[17] 郑作新等，郑作新修订. 中国动物图谱：鸟类 [M]. 科学出版社，1987.

[18]〔北宋〕陶谷《清异录》。

[19]〔南宋〕《玉食批》。

[20]《宋史·奸臣传》。

康乾麻辣帝国

三百多年前，大明王朝迎来了最寒冷的冬天。

按照中国历史上流行一时的"五德始终说"，朱红色的明朝本应属于"火德"。可实际上，这个煊赫的国号没能给它的子民带来丝毫暖意。明朝建国的时间，恰好与距今较近的一个小冰河期、国内称为"明清小冰期"的开端吻合，整个明代，极寒天气屡见。尤其是明朝末期，全国气温下降至近六百年来最低点，一些地区的均温低于今天 5~7 ℃ [1]。有人把明末清初这段时间称为"千年极寒"。

极端天气迫使明朝人想尽各种方法取暖，徐霞客报名参加了"越野铁人三项"，兰陵笑笑生窝在炕上构思香艳小说。袁崇焕卓立朔风，凝望着极北的铅云，喃喃自语：凛冬将至。不久后，他将会明白，最冷的不是辽东的冬季，而是世道人心。

两千多里外，浙江沿海一处码头像往日一样喧闹。一艘外国商船正搬卸货物，脚夫、水手、商人、官员往来奔走，他们没有意识到，这批货物包括了一种未来中国人对抗严寒的超级英雄。

不，不是暖气，是——辣椒。

那是辣椒第一次踏上中国的土地。

同辣椒交往之前，中国人的食材后宫已经纳有不少泼辣的旧宠：茱萸、辣蓼、扶留藤、薤、韭菜、芥菜、肉桂、姜、葱、蒜，当然还有烧舌头的烈酒。

有观点认为，同辣椒一样，葱和姜也是从域外拐带回来的，葱来自北方，姜的老家在东南亚。果真如此的话，东椒西蒜，南姜北葱，辛辣界四大妖姬，居然都是"移民"。

姜进入中国的时间极早，最初用来压制鱼、肉、油脂的荤腥气，在流行吃生鱼生肉（脍）的时代，兼具预防和缓解食物中毒的作用。孔子重度嗜姜，他带着弟子周游列国，打尖时是一定要吃姜的："不撤姜食。"[2]

蒜、葱、韭以强烈的秽气位列"五荤"，为佛门弟子所戒绝。佛教初入中国，僧尼原本只禁蒜、葱、韭、薤、兴渠（阿魏）这五种"熟食发淫，生啖增恚……十方天仙嫌其臭秽，咸皆远离"[3]的辛辣蔬菜，而不禁鱼、肉。推行并落实禁食鱼、肉戒律的，是梁武帝萧衍，他曾发毒誓说："弟子萧衍，从今以去，至于道场，若饮酒放逸，起诸淫欲，欺诳妄语，啖食众生，乃至饮于乳蜜，及以酥酪，愿一切有大力鬼神，先当苦治萧衍身，然后将付地狱阎罗王，与种种苦，乃至众生皆成佛尽，弟子萧衍，犹在阿鼻地狱中。"自己发了毒誓还嫌不够，又替普天下的僧尼们发了一个："僧尼若有饮酒啖鱼肉者，而不悔过，一切大力鬼神，亦应如此治问。"[4]表示自己倘若饮酒啖肉吃鱼，甘愿被"大力鬼神"打入地狱，其他僧尼一体遵行。梁武帝贵为一国之君，手握大权，令行禁止，这毒誓发得又狠，僧尼们谁敢轻犯？从此沙门弟子喝酒吃肉的生活一去不返。

民间毋庸顾忌什么戒律，饮食上自由得多，蒜、葱、韭等辛辣蔬菜常捣碎制成"齑"，既可为佐食肉鱼的开胃小菜，亦可直接下饭。巴蜀自古"尚滋味，好辛香"，非独近世然，西汉川人待客"园中拔蒜，断苏切脯"[5]。北宋僧人文莹的《玉壶清话》："太宗命苏易简评讲《文中子》，中有杨素遗子《食经》'羹黎含糗'之句，上因问曰：'食品称珍，何物为最？'易简对曰：'臣闻物无定味，适口者珍，臣止知齑汁为美。'太宗笑问其故。曰：'臣忆一夕寒甚，拥炉火，乘兴痛饮，大醉就寝，四鼓始醒，以重衾所拥，咽吻燥渴。时中庭月明，残雪中覆一齑碗，不暇呼童，披衣，掬雪以盥手。满引数缶，连沃渴肺，咀齑数根，灿然金脆。臣此时自谓上界仙厨，鸾脯凤腊殆恐不及。屡欲作《冰壶先生传》纪其事，因循未暇也。'太宗笑而然之。"苏易简是宋初四川德阳人，他称韭蒜齑汁为美，并非个例，北宋"红杏尚书"宋祁的《宋景文公笔记》中也指出，当时南方人普遍喜食韭酱蒜泥之类辣齑："捣辛物作齑，南方喜之，所谓金齑玉脍者。古说齑曰曰受辛，是臼中受辛物捣之。"

芥菜是另一种宜乎制酱的辣味蔬菜，《礼记》说"鱼脍芥酱"，吃脍是一定要配芥酱的。古人十分欣赏满嘴咸腥配上鼻腔里引爆炸药般的清爽，眼泪鼻涕长流有如失禁，不妨碍高喊一声"快哉！再来一盘！"这种欲罢不能的感觉，大约跟今人嗜食辣椒异曲同工，旁观者以为这人自虐，食者却自得其乐。

中国人起先吃芥菜，可能出于误会。芥菜中比较古老的品种——油芥菜，跟油菜（榨油的油菜，不是北方人说的小油菜）算是亲戚，大家都是芸薹（tái）属成员，长得也像，或许先民曾试图用油芥菜的种子获取植物油，尝了一口，如同劈面挨了一棍，辣得眼冒金星。后来大家逐渐喜欢上了"挨棍"的感觉，将油芥菜的种子研磨成粉末，收入厨房，这就是芥末。

在辣椒普及之前，芥菜可视为辛辣食材阵容的绝对主力，李渔《闲情偶寄》谈道："菜有具姜桂之性者乎？曰：有，辣芥是也。制辣汁之芥子，陈者绝佳，所谓愈老愈辣是也。以此拌物，无物不佳。食之者如遇正人，如闻谠论，困者为之起倦，闷者以之豁襟，食中之爽味也。予每食必备，窃比于夫子之不撤姜也。"

农家百科全书《齐民要术》介绍了一种芥末的惊人吃法，把芥末捏成小球或饼子，泡在酱里，当零食吃。难怪中原人自称龙的传人，这是在培养吐火技能吧！

唐朝有种"五辛盘"，过节时用来孝敬长辈。五辛通常指葱、蒜、椒、姜、芥，可以想象，一段大葱加一瓣蒜、几粒花椒、一片姜，再厚厚挤一层芥末酱，一口吃下去……当真山河变色鬼哭神嚎！

往古之时，蔬菜品种相对匮乏，先民必须广泛采集野菜，或以手头现有的资源，改良培育新种。宋代起，芥菜的演化加快，陆续出现许多叶用、茎用、根用品种。《证类本草》引北宋苏颂《图经本草》：

> "芥，旧不著所出州土，今处处有之。似菘而有毛，味极辛辣，此所谓青芥也。芥之种亦多，有紫芥，茎叶纯紫，多作齑者，食之最美；有白芥，子粗大色白如粱米，此入药者最佳，旧云从西戎来，又云生河东，今近处亦有。其余南芥、旋芥、花芥、石芥之类，皆菜茹之美者，非药品所须，不复悉录。大抵南土多芥，亦如菘类，相传岭南无芜菁，有人携种至彼，种之皆变作芥，言地气暖使然耳。"

状如芜菁的芥菜，当指根用芥菜，俗称"大头菜"，有些地方称为辣疙瘩或者咸菜疙瘩。菜农将芥菜根养得硕大无朋，与原始芥菜相比，面目全非。芥菜根的吃法，北方人通常只用食盐和酱油，腌成咸菜。云南人则用糖，腌制的成品号称"玫瑰大头菜"，朴素而典雅，剁碎成粒，加上辣椒末、肉丁干煸炒香，就是香辣爽口的"黑三剁"。湖南人连肉丁都不用，只取辣椒和蒜，炒出"外婆菜"，简单快捷，极品下饭。

打那以后，芥菜几乎被中国人玩坏了，我们不仅要吃它的籽、它的根，还要吃它的茎、它的叶子，打算吃哪个部位，就把该部位养得极大。大雪过后，百草冻杀，一种大叶芥菜傲雪独青，人送外号"雪里蕻"，它是四川一带酸菜以及酸菜鱼等衍生菜肴的首选食材。

四川人还栽培出一种看上去像长了大瘤子般可怕的变种，就是后来跟方便面成为好朋友的"榨菜"。因此，芥菜一家基本上都进入了咸菜行业工作。当然，也有例外，比如广东的梅菜。至于梅菜的吃法，家喻户晓，无需赘述。

前辣椒时代，四川人厨下的辛辣食材还有茱萸。中国常见的茱萸有三种：山茱萸、吴茱萸、食茱萸（椿叶花椒），后两种辛辣。食茱萸分布广，自先秦以来，屡见典籍，写作"樧""莍""艾子""辣子""越椒""樾子"等。四川人从南北朝时就喜欢吃食茱萸，虽然历史上四川经历过多次大规模外来人口迁入，尤其是清康熙初年的"湖广填四川"，包括食俗在内的风俗文化受移民影响很大，但从史料记载来看，四川人嗜辣的传统，却是一脉相承的。《礼记》说"三牲用莍"，祭祀的时候用茱萸油。南北朝人皇侃《礼记义疏》："煎茱萸，今蜀郡作之。"彼时四川人称食茱萸为"艾子"，做饭时用整粒的茱萸，或取茱萸油提味，喝酒时也要在酒杯中丢一粒，当真嗜辣成瘾。

北魏《齐民要术》收录的一道烤鱼用到多种辛辣料，其中就包括茱萸。并将大鱼切片，再用姜、橘皮、花椒、葱、紫苏、茱萸、胡芹、小蒜调汁，腌一夜鱼肉，烤至焦红。

你看，没有辣椒，并不耽误吃麻辣烤鱼。有条件要吃，没有条件创造条件也要吃。

再来看蓼，蓼是一整科植物的统称，蓼科所辖种属极众，全球计有50属、1150种，我国有13属、235种、37变种，产于全国各地。常用来佐味的是水蓼，也叫辣蓼。

最早的吃蓼记载，仍见于《礼记》。《礼记·内则》篇一口气举出四道菜：濡豚、濡鸡、濡鱼、濡鳖。所谓"濡"，指煮或烧的烹法，四道菜都要求食材腹腔填入水蓼，此外还概括性地说，吃猪肉，要"春用韭，秋用蓼"。

苏东坡也说："蓼茸蒿笋试春盘，人间有味是清欢。"

吃这玩意儿都吃出清欢感来了，简直是天大的满足，得蓼调味，夫复何求。

到了明代，辣蓼逐渐淡出餐桌，李时珍《本草纲目》："古人种蓼为蔬，收子入药。故《礼记》烹鸡豚鱼鳖，皆实蓼于其腹中，而和羹脍，亦须切蓼也。后世饮食不用，人亦不复栽。"

辣椒填补了川渝人对于辣味的巨大空虚，在辣椒传入之前，吃辣总是不够尽兴，四川人找到了花椒、茱萸、姜，仍不满足，于是又找到了扶留藤。

扶留藤通用名叫作"蒌叶"，俗称"蒟酱"，叶子辣中带甜，可以拌蜂蜜吃。左思《蜀都赋》说"蒟酱流味于番禺之乡"，四川人的蜜渍蒟酱名动天南，从秦汉到魏晋，稳定出口南越地区，唐朝涪州（涪陵）的蒟酱一度成为贡品。前有蒟酱，后有榨菜，涪陵的咸菜产业可谓源远流长。

后来，不知道何人发明了一种奇葩吃法，将扶留藤同贝壳灰、槟榔一起咀嚼，这样就能吐出殷红如血的唾液，除了整蛊吓人碰瓷演戏外，据说还有助于消化，并兴奋神经，令人"忘忧"。《齐民要术》引《异物志》："古贲灰，牡砺灰也。与扶留、槟榔三物合食，然后善也……俗曰：'槟榔扶留，可以忘忧'。"

此外，襄荷［古称"苴蒪（jū pò）"］、紫苏（古称"荾"）、薤（俗称"藠头"），也是明代以前嗜辣党钟爱的珍物。

以上食材各有千秋，但在如今无辣不欢的食客眼里，恐怕皆不及妖娆绝世的辣椒。

辣味其实并非由味蕾所感受到的味觉，而是舌头、口腔和鼻腔黏膜受到辣椒素等化学物质的刺激后形成的类似灼烧的痛觉。所以当辛辣食材的汁液触及皮肤、眼睛时，这些不具备味觉感知功能的器官组织也会产生"辣"的感觉。

辣椒素引起的灼烧感纯粹而尖锐，烹饪加热使辣椒的辣味更加活跃，可充分渗透同器的食材，这一点为姜、蒜难及。且辣椒本身不像葱、蒜般附带恼人的秽气，种种优势属性，奠定了其辛辣界的至尊地位。

辣椒原产于墨西哥到哥伦比亚的中美、南美地区，由美洲印第安人首先驯化，在传入旧大陆之前已有上千年的栽培利用史。厄瓜多尔出土的一系列考古证据指出，史前美洲人早在公元前 6000 年已懂得种植辣椒，用来烹调食物[6]。1493 年，哥伦布的船队第二度访抵美洲大陆，一位随船医生将墨西哥的辣椒种子带回西班牙，1548 年传入英国，16 世纪已然风靡全欧洲。此后，辣椒随着西班牙的贸易船队流入其亚洲的殖民地菲律宾，继而流入中国、印度等地。

第一批进入中国的辣椒，可能是乘船破海而来。明朝中末叶，传统的陆上丝绸之路早已被奥斯曼土耳其帝国阻断多时，陆路交通不畅。取而代之的贸易路线是西班牙人所开辟的，盛极一时的墨西哥—吕宋—中国"大帆船贸易"之路。来自西班牙的辣椒沿着这条海路，率先抵达菲律宾的马尼拉中转站，然后随同其他商品扬帆北上，驶往大明帝国的浙江、福建沿海港口。

中国最早的辣椒记录文献，出自明万历年间隐居西湖的戏曲作家高濂的养生大作《遵生八笺》。高濂是个妙人儿，能填词能作曲，能诗能文，书画鉴赏，莳花调香，无一不会，无一不精，并烧得一手养生好菜，是中国历史上为数不多留下饮食专著的美食家。他在《饮馔服食笺》中自谓所录菜品"皆余手制曾经知味者笺入，非漫录也"，悉由亲身下厨实践所得，绝非杜撰。然而在他笔下，辣椒并没有归入食谱，却归入了花谱，撩动味蕾的小妖精被种进了李家花圃，当成了观赏植物："番椒丛生，白花，子俨秃笔头，味辣，色红，甚可观。"辣椒果实形似毛笔头，味辣色红，漂亮得很。

到了清朝初年，浙江人终于渐悟到了辣椒的调味妙用。康熙年间，陈淏子的园艺学著作《花镜》介绍，当地人种辣椒，磨成粉末，冬日作为佐料，用以替代胡椒。可浙菜毕竟没能留给辣椒多少发挥的空间，于是小妖精兵分两路，一路向北，一路向西。西征军势如破竹，进入湖南、贵州，一场革命性的味觉狂欢开始了。

湖南人习称辣椒为"辣子"，后世的辣子鸡、辣子肉，均由该俗称衍生。初识辣椒，湖南人骨子里沉睡千万年的嗜辣之魂陡然觉醒，潇湘山水充满一派野烈烈的鲜辣，时称："湘、鄂之人日二餐，喜辛辣品，虽食前方丈，珍错满前，无椒芥不下箸也[7]。"当时流行的吃法大味至简，朴拙粗犷，将辣椒切碎，浇酱醋香油浸拌，就这么大马金刀端上一盘，星飞电卷，万道霞光，全世界相形失色："茄椒，一名海椒……性极辣，故辰人呼为辣子，用以代胡椒。取之者多青红，皆并其壳，切以和食品，或以酱醋香油菹之。"[8] 晚清湖南人曾国藩每饭必食辣椒，履新两江总督之际，有个部下私底下使钱，买通了曾国藩的私人厨师，打听大帅的饮食好恶，以便巴结。厨师道："有什么菜做什么菜，不用勉强，上菜之前，先给我看一眼。"不移时，厨下送来一盏上品燕窝，那部下先端给厨师，请他"掌掌眼"。厨师取出一支湘竹竹筒，冲着燕窝一通乱撒，部下忙问："这是什么？"厨师道："大帅最喜欢的辣子粉，每顿饭莫忘了加些，大帅必予嘉奖。"乾隆帝吃燕窝用冰糖，曾国藩吃燕窝却加辣椒，湘人好辣，可见一斑：

> "曾文正督两江时，属吏某颇思揣其食性，借以博欢，阴赂文正之宰夫。宰夫曰：'应有尽有，勿事穿凿。每肴之登，由予经眼足矣。'俄顷，进官燕一盂，令审视。宰夫出湘竹管向盂乱洒，急诘之，则曰：'辣子粉也，每饭不忘，便可邀奖。'后果如其言。"[7]

〔清〕佚名《升平乐事图》

明末战乱，巴蜀人口锐减。清康熙七年（1668年），朝廷出台了一系列激励政策，鼓励周边地区移民入川，其中以两湖移民最多。两大吃辣圣地的辣文化激烈碰撞，辣椒在四川击败一系列原有的辛辣食材，同当地盛产的花椒完美结合，奠定下了今天的麻辣格局。

四川地区关于辣椒的最早记载保留在清乾隆十四年（1749年）的《大邑县志》："秦椒，又名海椒。"时间晚于湖南半个世纪。嘉庆年间，四川辣椒的种植和食用范围迅猛发展，到同治年间，已是"山野遍种"。光绪以后，麻辣型的现代川菜基本形成，清末徐心余《蜀游闻见录》："惟川人食椒，须择其极辣者，且每饭每菜，非辣不可。"江西名医章穆《调疾饮食辨》中也说，到处可见贪吃辣椒被辣到唇舌作肿而不能自拔的"吃货"："近数十年，群嗜一物，名辣枚，又名辣椒……初青后赤，味辛，辣如火，食之令人唇舌作肿，而嗜者众。"

辣椒也大规模地占领了贵州人的厨房。贵州人吃辣初衷，除了热爱，多多少少还有一点无奈。清初，贵州很多地区缺盐，菜肴无味，因此贫寒人家在做菜时放入剁碎的辣椒，以弥补无盐的寡淡[9]。泡椒、剁椒便是当时的发明，由于缺盐，剁椒成为增进风味的最好方案，因此它的身影几乎出现在了每一道菜中。原本权宜之举，意外开启了贵州人的酸辣上瘾模式，百年后，盐的问题早已解决，辣椒也已被深深植入了贵州人的基因中，再也不可或缺了。

东北地区最早食用的辣椒，很有可能并非来自浙江一脉，而是从朝鲜半岛传入的，随后与浙江辣椒一同形成了对原有中餐势力的南北夹击。大约到了清道光年间，东南西北的辣椒连成一片，不分彼此，神州上下四处洋溢着红红火火的喜庆，全国大地餐桌上一片辣椒的海洋。

今天，不论甜咸豆花、肉粽枣粽之争如何激烈，从黑吉辽到川渝黔，从山东到陕西，不分地域和风俗的差异，对于辣椒的认同和迷恋，全国人民始终保持着高度的一致。

这就是辣椒的神奇。

注释

[1] 张娴, 邵晓华, 王涛. 中国小冰期气候研究综述 [J]. 南京信息工程大学学报: 自然科学版, 2013（4）: 317-325.

[2]《论语·乡党》。

[3]《楞严经》。

[4]〔南朝梁〕萧衍《断酒肉文》。

[5]〔西汉〕王褒《僮约》。

[6] Perry L, Dickau R, Zarrillo S, et al.Starch Fossils and the Domestication and Dispersal of Chili Peppers（Capsicum spp. L.）in the Americas[J].Science, 2007.

[7]〔民国〕徐珂《清稗类钞·饮食类》。

[8]〔清〕乾隆三十年《辰州府志》。

[9]〔清〕康熙六十一年《思州府志》: "土苗用以代盐。"嘉庆《正安州志》: "海椒, 俗名辣角, 土人用以代盐。"

广陵流韵：盐商与淮扬菜

饭桌是世界上最真实的社会显微镜，一个时代、一个阶层、一个国家、一个文明的盛衰枯荣，无需冠冕堂皇地粉饰，多瞧几张饭桌上的东西，是糟糠藜藿，还是饫甘餍肥，尺寸方圆，一目了然。20世纪30年代大萧条时期，美国经济遭受重创，失业率飙升至25%，无数人死于匮饿。历史学家威廉·曼彻斯特描述道：

> "在农村，特别是中西部的农民们，生活极其惨淡。千百万人只因像畜生那样生活，才免于死亡。宾夕法尼亚州的乡下人吃野草根、蒲公英；肯塔基州的人吃紫萝兰叶、野葱、勿忘我草、野莴苣以及一向专给牲口吃的野草。城里的孩子妈妈在码头上徘徊等待，一有腐烂的水果蔬菜扔出来，就上去同野狗争夺。蔬菜从码头装上卡车，她们就跟在后边跑，有什么掉下来就捡。中西部地区一所旅馆的厨师把一桶残菜剩羹放在厨房外的小巷里，立即有十来个人从黑暗中冲出来抢。"[1]

贫瘠是美食的荒漠，在"饥者易为食"的困境中求生，温饱已侥天幸，烹饪技法创新、饮食文化缔造，则显得荒渺不切实际，根本无从谈起。而丰足的时代，富贵之薮与声色酒食之影重叠，那些繁华之地才满蕴着孕育美食的营养。

天下之贵，首称京华，帝辇之侧，穷奢极欲的富豪，见多识广的商旅，博物通达的文人名士，"五世知饮食"的簪缨人家，皆萃集于此。这些人博闻多识，天下珍馐，没吃过也见过，没见过也听过，因此历古以来，京城一直是生活标准要求最高的城市。餐饮行业，没点真材实料，非是精烹细调，无以应付。能够立足京城的手艺本身已是精品，再经一代又一代文人官贵、饱学之士的点拨，口味精益求精，格调一再升华，超伦卓越，外方难及。

首富之区，各代不同，以明清而言，扬州必在讨论之中。昔隋炀帝开凿运河，扬州地居运河要冲，控带长江，为苏浙漕运必经之地，唐代街市之盛，已称"扬一益二"，杜牧诗云"十年一觉扬州梦，赢得青楼薄幸名"，人生乐事，莫过于"腰缠十万贯，骑鹤上扬州"。明清之季，淮南得航运便利，盐业大兴，食盐吞吐规模全国居首，以清乾隆初年为例，全国九大盐区行盐总数五百四十万引，两淮额引一百六十八万，占三分之一；课银（纳税）高达六百零七万两，占全国总额七成以上[2]。旧日淮左名都，淮盐总汇，盐商大贾荟萃，殷富甲于天下。

中国封建王朝长久以来对盐业实行专卖榷禁制度，垄断这一民生刚需，取盐利收入为政府财薮。获准经营食

〔清〕徐扬《盛世滋生图》局部

盐的商贾，无不润身肥家，大发其财，其中又推明中叶以后及清代的扬州盐商为甚。此辈结托势要，囤积投机，身家动辄千万银计，可算中国历史上最富有的群体之一，当年声光之煊赫，起居之豪奢，拟于王侯，丝毫不输后世地产大亨。清乾隆帝南巡，数度驻跸或临幸盐商的宅邸园林，坊间盛传，他首次来到一个洪姓盐商所有的倚虹园，曾慨叹说："此处颇似南海之琼岛春阴，惜无塔（指北京北海白塔）耳！"叹罢自去。盐商听了，立马请人画了白塔图纸，连夜召集大批匠人赶工筑成。翌日乾隆帝再临，忽见巨塔巍峨，吓了一跳，还当是纸糊的，亲自走上前一摸，果为砖石所筑，询知其故，喟然叹道："盐商之力伟哉！"[3] 事实上在此之前，雍正皇帝因盐商富得太不像话，曾特地降谕，敦令有司约束、节制盐商：

"上谕。各省盐院：国家欲安黎庶，莫先于厚风俗；欲厚风俗，莫大于崇节俭。朕临御以来，躬行节俭，欲使海内皆敦本尚实，庶康阜登而风俗醇。然奢靡之习莫甚于商人，内实空虚而外事奢侈，衣服屋宇，穷极华丽；饮食器皿，备求工巧；俳优伎乐，醉舞酣歌，宴会嬉游，殆无虚日。甚至悍仆豪奴，服食起居，同于仕宦，越礼犯分，罔知自检，各处昏然，淮扬尤甚。使愚民尤而效之，其弊不可胜言。尔等既司盐政，宜约束商人，省一日之糜费，即可以裕数日之国课。且使小民皆知儆惕，敦尚俭约，于民生亦有裨益，庶不负朕维风振俗之意。若不知悛改，或经访闻，或督抚参劾，必从重治罪。"[4]

扬州盐商聚居之处有二。一在扬州城南河下，当地迄今保留着大量清代盐商故居古建；二是淮安河下，明朝诗人丘濬称之为"西湖嘴"：

十里朱楼两岸舟，夜深歌舞几曾休？
扬州千载繁华地，移在西湖嘴上头。

这些超级富豪区，曲廊高厦，别墅连云自是不消说了。封建社会长期流传着所谓"四民"——"士农工商"的说法，奉读书人为首，贬抑商人。居末的盐商为了打入上流读书人的圈子，一方面买官捐衔，滥厕冠裳，一方面附庸风雅，结纳名士。许多名士脾气古怪，盐商毫不介意，越是古怪越要巴结，扬州八怪一个不落，都没少受盐商照顾。养士需要广宅，最好再造些亭台池沼，种些松柏花竹，一供名士诗画，二来显摆品味。于是富豪别墅区内，园林大起，竹池花木，侔于禁苑，曲江楼、菰蒲曲、荻庄、小玲珑山馆、休园、筱园，名流燕集，一时称盛；珍园、刘庄、汪氏小苑、卢氏第一楼，传留至今，余韵悠然。时人状其况云：

"维扬胜地：扬州园林之胜，甲于天下。由于乾隆朝六次南巡，各盐商穷极物力以供宸赏，计自北门直抵平山，两岸数十里楼台相接，无一处重复。其尤妙者在虹桥迤西一转，小金山矗其南，五顶桥锁其中，而白塔一区雄伟古朴，往往夕阳返照，箫鼓灯船，如入汉宫图画。盖皆以重资广延名士为之创稿，一一布置使然也。城内之园数十，最旷逸者，断推康山草堂。

而尉氏之园，湖石亦最胜，闻移植时费二十余万金。其华丽缜密者，为张氏观察所居，俗所谓张大麻子是也。张以一寒士，五十岁外始补通州运判，十年而拥资百万，其缺固优，凡盐商巨案，皆令其承审，居间说合，取之如携。后已捐升道员，分发甘肃。蒋相为两江，委其署理运司，为言官所纠罢去，蒋亦由此降调。张之为人，盖亦世俗所谓非常能员耳。余于戊戌赘婚于扬，曾往其园一游，未数日即毁于火，犹幸眼福之未差也。园广数十亩，中有三层楼，可瞰大江，凡赏梅、赏荷、赏桂、赏菊，皆各有专地。演剧宴客，上下数级如大内式。另有套房三十余间，回环曲折，迷不知所向。金玉锦绣，四壁皆满，禽鱼尤多。闻其生前有美姬十二人居于此，卧床皆相通，有宵寝于此晨兴于彼者。淫纵不待言，暴殄亦可知矣。"[5]

　　园亭居第深处，藏着当时全国最讲究的膳饮服食，食货之富，五方辐辏，山胰海馔，穷泰极侈，纵紫禁宸居，未必过之。这是因为，天子御膳，自有其规制，皇帝顾及清议舆论，不敢大事铺张，也不敢成天吩咐膳房去搞些稀奇古怪的东西来吃。民间的盐商则全无顾忌，不仅放怀享受，而且挖空了心思摆谱，务必吃得别出心裁，独树一帜。先看看馂之富：

　　"初，扬州盐务，竟尚奢丽，一婚嫁丧葬，堂室饮食，衣服舆马，动辄费数十万。有某姓者，每食，庖人备席十数类，临食时，夫妇并坐堂上，侍者抬席置于前；自茶面荤素等色，凡不食者摇其颐，侍者审色则更易其他类。"[6]

　　做一顿家常便饭，后厨团队要同时备妥十几席酒馔，每席以十道菜计，十几席便是上百道菜，道道不同。开饭的时候，盐商两口子像吃懒人自助餐似的，死鱼般坐在那里，下人轮番抬了一桌桌酒席上前，给主子点选。两口子话都懒得吱一声，下人只能靠经验和观察主子的微表情来判断主子的意思，中意哪道菜便留下，不想吃的一概撤去。架子之大，简直离谱，纵天子之尊，也没有让膳房同时开出十几桌饭菜现点的规矩，而以表情点菜，恐怕普天之下任何一家馆子都做不到。

盛馔的食材，更加讲究，一物之微，亦见新巧。扬州盐商中财力最雄厚的是八大"总商"，相当于经官府承认的行业协会首脑。清代有个名叫黄均太的巨贾，为八大总商之冠，每天早上起床，先进燕窝一盏、参汤一碗、鸡蛋两枚。他家的鸡蛋大非寻常，每枚成本作价纹银一两，随便吃盘炒鸡蛋就要吃掉普通民家一个月的开销。区区一枚鸡蛋，价格何以如此高昂？黄均太起初怀疑是厨子虚报"开花账"，叫来负责鸡蛋的厨子一问，方知另有乾坤：

"（黄）均太为两淮八大盐商之冠，晨起饵燕窝，进参汤，更食鸡蛋二枚，庖人亦例以是进。一日无事，偶翻阅簿记，见蛋二枚下注每枚纹银一两，均太大诧曰：'蛋值即昂，未必如此之巨。'即呼庖人至，责以浮冒过什。庖人曰：'每日所进之鸡蛋，非市上所购者可比，每枚纹银一两，价犹未昂。主人不信，请别易一人，试尝其味，以为适口，则用之可也。'言毕，自告退。黄遂择一人充之，而其味迥异于昔。一易再易，仍如是，意不怪，仍命其入宅服役。翌日以鸡蛋进，味果如初，因问曰：'汝果操何术而使味美若此？'庖人曰：'小人家中畜母鸡百余头，所饲之食皆参术等物，研末掺入，其味乃若是之美。主人试使人至小人家中一观，即知真伪也。'均太遣人往验，果然，由是复重用之。"[7]

该厨子声称，他用的鸡蛋是自家所产，而他家的母鸡，皆以人参、白术之类名贵药材为饲料，非同小可，由是鸡蛋风味迥异，成本高昂。黄均太派人买来市场上的普通鸡蛋一吃，味道果然不同，又派人到那厨子家验看，鸡饲料中，果见有药材，乃疑心尽去。

饲料掺入人参、白术，或可改善母鸡体质，却不见得能改变鸡蛋的味道。这位厨子大约在烹蛋时动了手脚，使鸡蛋入味。至于药材喂鸡，或许确有其事，又或许是厨子为应付检查，偶一为之的把戏，因为不把食材的来历吹得稀奇些，无以报销花账。重要的是盐商信了便成，盐商信了他所食之物珍贵稀奇，外方所无，脸上有光，心里熨帖，这点开支便毫不在乎。自古收智商税的原理都是如此，你以为人家白白花钱受骗，实际上人家买的就是骗局里那只名为"虚荣"的盛珠之椟。

盐商的心病，是富而不贵，有钱是有钱到极点了，却总是被人轻贱为土豪、暴发户，见了官请安、打千、矮上一级，滋味很不好受。为此盐商普遍热衷捐纳请封，大把银子撒出去，换一点华誉荣名。清朝规制，有钱人出钱买官，朝官可以捐到五品郎中、员外郎；地方官可以捐到正四品的道台、从四品的知府[8]，大盐商捐到此位者，比比皆是。当然，捐官不等于实授，盐商捐的都是候补职衔，不会当真到任。此辈目的，纯粹为了出入公门方便，以及博取虚荣——抬出大老爷的头衔，哪个刁民还敢笑我是土豪暴发户？拿帖子送到衙门，且打他几十板子再讲！平日在家安静纳福，真有那不开眼的虾兵蟹将敢上门找茬，四品大员的顶戴补服一穿，来者立即吃瘪。就这样，盐商还觉得不够过瘾，四品青金石的"蓝顶子"不够威风，于是假借名目，诸如资助海防、赈灾、军饷，再给朝廷捐上一笔巨款，天恩褒奖，超擢为二品头衔，戴一顶跟九大总督一样的镂花珊瑚"红顶子"，就可以睥睨流俗，傲视公卿了。

清同治年间，就有一位姓洪的扬州盐商，助饷百万，蒙赐二品头衔。此人钟鼓馔玉，比起上文两个例子，又是另一番光景。事情发生在同治七年（1868年）仲夏，洪老板在府上办了个"消夏会"，折简邀客。时人莫不听闻洪宅华奢，都想一开眼界，因此应邀者大多带了朋友赴会，宾客济济，衣冠相望，洪老板自然不会介意客多，早早派出健仆在府门迎候。

客至肃入，举目但见堂构爽垲，楼阁壮丽，高垣曲廊，遮阴蔽日，客人走在其中，暑气先为之一消。不觉迤逦穿过十几洞门，串入一方庭院，院子里小山玲珑，山前白石琢盆，梓楠为架，种着素兰、茉莉、夜来香、西番莲，花绮石罍，疏密有致。正南三楹小阁，冰纹虾须帘静静低垂，前槐后竹，布列垂荫。两名俏婢挽起帘子，诸客鱼贯而入，顿觉眼界一宽，遍体生凉，凝目细看，原来中堂高悬一轴董其昌巨幅雪景山水，寒气凛冽，仿佛破纸而出。地下铺的是紫竹、黄竹劈丝交互织就的万字地垫，左右十六把棕竹椅子，四只鼓形瓷凳，还有一具瓷榻，仿照古制，铺设龙须草枕褥，松软冰滑，可坐可卧。最妙的是一方竹几，棕竹支棱四脚，中央圈起一口薄锡水池，上嵌水晶作为几面，池中藻荇交横，金鱼游弋，凭几啜茶燕谈，快然仿佛庄周"出游从容"之乐。两侧墙壁，均用紫檀镂空人物山水花板，既为间壁，亦似屏风，透过空隙望去，隐约可见左右耳舍之状。两座耳舍俱为花房，舍内满贮香花，排五轮大扇，执役运转轮轴，香风自隙吹入，凉意袭人。

宾客便在此轩之中品茗谈艺，身处画栏朱拱，隐然觉有东篱南山之致。少停，主人导客游园，竹树交加，亭台轩敞，一个极宽的金鱼池满栽芙蕖，红白相间，正是含苞欲吐的时候。池子旁边，一带朱红栏杆，葡萄、紫藤爬满棚架，绿叶森森，不见天日。绕山穿林，缘堤向东，垂杨绿柳无数。柳烟深处，别有水榭，一道板桥蜿蜒通入，只见前为头亭，中有中舱，后为舵楼。原来匠人别出心裁，将台榭修成了画舫模样。诸客置身其间，水波潋滟，荷香浮动，几疑梦中。

　　此处布置，又换了一种格调，桌椅皆取湘妃竹镶青花瓷面为之，铁线纱窗，屏绝蚊虫。逡巡，俏婢献上石榴、荔枝、雪梨、冬枣、苹果、哈密瓜之类非时的外来珍果，宾客各尝几枚，主人看看时辰差不多了，传令开筵。厅外步声密密，一队俊童鱼贯而入，都穿着一色的绿纱衫子，分立宾客左右，每位宾客，恰好分得两名，一者执壶添酒，一者专司布菜。食器是每客一套，皆用铁底哥窑，沉静古穆。看馔人各一器，除了常供的雪燕、冰参，尚有驼峰、鹿尾、熊掌、象白诸般奇珍。俄而舞姬毕至，丝管迭奏，清歌妙舞，宾客眼耳口鼻，一齐迷醉。酒至半酣，洪老板一声吩咐："布雨！"宾客憒然不知所云，忽闻骤雨打窗，甘霖滂沛，烦暑顿消。宾客大奇，难道洪老板银子多到连龙王都能贿赂，使其行云降雨了？从窗隙往外一看，厅榭四周的水面上，高昂起四个龙首，环厅喷水，降为密雨。后来问起洪老板，方知潜藏的龙身是皮革所制，专门有几个赤膊大汉跨坐其上，吸取池水，喷射空中 [9]。

　　盐商饮食起居越分奢僭，穷山之珍，竭水之馐，一筵之费，尽中家之产，不足资办。此举非但如孟子所说"饮食之人，则人贱之"，反而造成了极坏的示范，使得人心膻慕，民风熏习。当地百姓学着盐商的样子，唯务征歌逐色，靡衣媮食，争修园宅，互相夸竞，郑板桥言"千家养女先教曲，十里栽花算种田"，生产为之荒抛。清乾隆帝六度巡幸，对扬州美食称赏有加，却也深深体认到侈纵之风必须裁抑，他像雍正帝一样，切切实实降过敕旨，要求整改，结果毫无成效。无可奈何的乾隆帝实在没辙了，最后写了首诗自我譬解：

> 三月烟花古所云，扬州自昔管弦纷。
> 还淳拟欲申明禁，虑碍翻旐谋食群。[10]

民风尚奢，对商业形成了强大的刺激，饮食业趋于繁荣，明万历《扬州府志》简述道：

> "扬州饮食华侈，制度精巧，市肆百品，夸视江表。市脯有白瀹肉、熬炕鸡鸭，汤饼有温淘、冷淘，或用诸肉杂河豚、虾、鳝为之。又有春茧鳞鳞饼、雪花薄脆、果馅饆饳（水果馅饼）、粽子、粢粉丸、馄饨、炙糕、一捻酥、麻叶子、剪花糖诸类，皆以扬、仪为胜。"

方志记录的几种小吃，一直流行至今，比如春茧，即现代春卷的前身。麻叶子也叫炸麻叶、芝麻叶，为油炸的薄面片，明代《宋氏养生部》："用面同生芝麻水和，擀开，薄切小条子，中通一道，屈其头于内而伸之，投热油内煎燥。"如今依然是很多地区婚嫁年节的保留点心。

扬州糕点茶食，可称天下一绝，酥儿烧饼、灌汤包、烧麦、油旋饼、甑儿糕、冷蒸、荷叶甲、鲥鱼卷、砗螯饼、荸荠糕、火腿粽、茯苓糕、三鲜大连、淮饺，数之不尽。扬州殷富，扬州人眼界高，寻常之物，寻常做法，不入法眼，因此扬州点心异常精致。纵使一碗素面，面汤也必以精熬百炼、提取食材精华浓缩的口蘑汁、笋汁调配，清鲜勾魂。清代的扬州人称大碗面为"大连"，面汤只及碗半的为"过桥"，多搭浇头，最常见的是鳝鱼、鸡肉、猪肉混搭，故名"三鲜大连"，面汤用大骨炖就，滋味醇厚，分量很大。外地人初到扬州，不敢胡乱点菜，先叫一碗面来吃，却见伙计捧上一口如盆海碗，浇头堆得小山也似，面汤齐沿。外地食客多半吓得不敢动箸，一者不知如此丰盛的一碗面价格几何，生怕自家消费不起；二者实在不知从何处下口，是该先喝汤，先吃肉，还是先搅拌 [11]。

再说火腿粽，制法大抵分为两路，一种选取颗粒长白完整的糯米，淘洗极净，用大箬叶裹实，米中藏一大块上好的火腿，封锅闷煨，需连煮一日一夜，柴薪不断。时间沉浸，火腿与糯米达成默契，油脂鲜味，尽皆化入米中，入口滑腻温柔。另一种制法是取偏肥的火腿剁碎，散置米中，一经煮化，腴润鲜浓 [12]。

扬州小笼包更不必说，数百年来蜚声海外，庶几为扬州文化名片。"小笼"是扬州人精致人格的饮食符号，起码从清代开始，扬州人已发现小笼之美，开辟一重迥异于北人粗犷的美食境界。小笼系列，原本包罗多种面点，小笼包之外，尚有小馒头、小馄饨。清人袁枚《随园食单》：

> "作馒头如胡桃大，就蒸笼食之，每箸可夹一双，扬州物也。扬州发酵最佳，手捺之不盈半寸，放松仍隆然而高。小馄饨小如龙眼，用鸡汤下之。"

小笼包有肉馅儿、蟹肉馅儿、笋肉馅儿、干菜馅儿、素馅儿，或者稍稍点缀些糖和油，热腾腾出笼，一口一个，细细咀嚼，经温度升华的鲜油爆满口腔，不留一丝遗憾。小笼包的崛起，很可能受到过汤包的启迪，扬州蟹黄汤包、文楼汤包名动天下。两百年前，扬州人连孵茶馆时都喜欢买几个汤包点心：

> "春秋冬日，肉汤易凝，以凝者灌于罗磨细面之内，以为包子，蒸熟则汤融不泄。扬州茶肆，多以此擅长。"[11]

到了民国，茶馆便开始卖小笼包了。朱自清先生描述道：

> "扬州最著名的是茶馆，早上去下午去都是满满的。扬州茶馆吃的花样最多。坐定了沏上茶，便有卖零碎的来兜揽，手臂上挽着一个黯淡的柳条筐，筐子里摆满了一些小蒲包，分放着瓜子花生炒盐豆之类……接着该要小笼点心。扬州的小笼点心，肉馅儿的、蟹肉馅儿的、笋肉馅儿的且不用说，最可口的是菜包子、菜烧卖，还有干菜包子。"

还有一样经典茶食，就是豆腐干，扬州人谓之"干丝"：

> "扬州人好品茶，清晨即赴茶室，枵腹而往，日将午，始归就午餐。偶有一二进点心者，则茶癖犹未深也。盖扬州啜茶，例有干丝以佐饮，亦可充饥。干丝者，缕切豆腐干以为丝，煮之，加虾米于中，调以酱油、麻油也。食时，蒸以热水，得不冷。"[13]

茶食之味，已不弱于酒菜，酒肴自更精彩。扬州菜极重刀工，豆干切丝，只能算"粗活"，最见刀法的代表菜，首推文思豆腐。文思豆腐出自沙门素斋，首创者是位法号"文思"的诗僧。清人俞樾《茶香室丛钞》："文思字熙甫，工诗，又善为豆腐羹甜浆粥。至今效其法者，谓之文思豆腐。"这道菜需将豆腐、香菇、火腿、冬笋切作如发细丝，入水漾开，如烟似雾，恍若"白云回望合，青霭入看无"，正是淮扬菜"虽由人作，宛自天开"的完美诠释，也只有精雅的扬州人方得洞悟这出尘飘逸、如画如禅的食之化境。

扬州口味，好尚水珍野蔬，春夏则燕笋、香椿、早韭、雷蕈、莴苣，秋冬则毛豆、芹菜、冬笋，此外如菱、藕、芋、柿、鲜蟹、螺蛳、鲥鱼，皆不经烟火物。鱼贩每日清晨群集坝上等候出鱼，一根扁担，飞一般挑了进城贩售，六七十里地，俄顷便到，盖早到一刻，鱼便新鲜一分，价钱便可定得高些。江鱼以鲥鱼最上，不过此鱼颇贵，多为豪绅大府所得。百姓餐桌上的，是鳊鱼、白鱼、鲫鱼、鲤鱼、季花、青鱼、黑鱼、罗汉鱼、鳝鱼。扬州人心思巧细，食材无需如何名贵，只妙手一转，便成惊喜，一尾寻常的鲫鱼，用蛤蜊数枚，清炖白汤，其味清醇，其汤莹洁，无纤毫油沫，鱼肉蘸醋，绝似蟹螯[13]。

吃鳝鱼，则用的是淮安做法。淮安人精于烹鳝，且能全席之肴，皆用鳝为，多者可至数十品，盘碟碗盏，举目皆鳝，味各不同，谓之全鳝席。最常见的有三品，一曰"虎尾"，专取寸许长的鱼尾，斫去尾稍，加酱油调食；二名"软兜"，唯用鱼脊，这是鳝鱼最肥的肉段，旺油一炸，弯成马鞍状，故又称"马鞍桥"；第三道叫作"小鱼"，是煮熟的鱼肠鱼血佐酱油而食[13]。扬州盐商，泰半出身淮安、徽州，多是发财之后迁入扬州的，对于梓里之味，不能忘怀，因此促成了淮、扬饮食的交流，形成为统一的淮扬菜系。

当年清乾隆帝六下江南，吃了不少淮扬好菜，回宫寂寞，时时想念。他是九五之尊，当然可以降旨命督抚进献，但总不能每次害馋痨就发一道圣谕，一来大动干戈，二来千里馈粮，解不得急馋。于是乾隆帝干脆下令，改组御膳房，把原本的御膳茶房一分为二，分成内膳房和外膳房。外膳房负责部分内廷筵席张罗，以及值班大臣、侍卫的饮食；内膳房独立出来，专门伺候乾隆帝本人，并招揽了大批江南名厨进宫，扩充御厨团队。就这样淮扬菜打入宫廷，影响力逐渐向全国渗透。

清末海运取代漕运，津浦铁路投入运营，进一步削弱了京杭运河的功能，民国的扬州，不复昔日纷奢。不过，气韵是无可磨灭的，它早已化入市井，酿成了岁月的余歌。

〔清〕徐扬《乾隆南巡图》局部

〔明〕仇英《清明上河图》局部

注释

［1］〔美〕威廉·曼彻斯特.光荣与梦想：1932—1972 年美国社会实录 [M]. 中信出版社，
　　2015.

［2］〔清〕孙鼎臣《论盐》。

［3］〔民国〕小横香室主人《清朝野史大观》。

［4］〔清〕萧奭《永宪录》。

［5］〔清〕欧阳兆熊、金安清《水窗春呓》。

［6］〔清〕李斗《扬州画舫录》。

［7］〔民国〕徐珂《清稗类钞·豪侈类》。

［8］许大龄.清代捐纳制度 [M]. 哈佛燕京学社，1950.

［9］〔清〕吴炽昌《客窗闲话》。

［10］〔清〕爱新觉罗·弘历《自高桥易舟至天宁寺行馆即景杂咏》。

［11］〔清〕林苏门《邗江三百吟》。

［12］〔清〕袁枚《随园食单》。

［13］〔民国〕徐珂《清稗类钞·饮食类》。

千里来龙
《随园食单》

出金陵北门桥，向西二里至小仓山，循径访幽，森竹掩映之间可见一处园子，有松花满目，桂芳千畦。旧说是康熙年间一位隋姓江宁织造的别墅，时号"隋园"，坊间或考为《红楼梦》大观园的原型。

后来园子废置，沦为酒肆饭铺，一片胜景尽皆被糟蹋了。清乾隆十三年（1735年），江宁知县袁枚出金三百购得，以写意之道重事修饬，因为翻新得随意，更名为"随园"。

新房子装修得好，袁枚很满意，希望长住此地，但随园距办公室太远，往返奔波辛苦。袁枚想了想，买了房子不住，多可惜啊，于是……递了辞呈。

> "使吾官于此，则月一至焉；使吾居于此，则日日至焉。二者不可得兼，舍官而取园者也。"[1]

堂堂县长，因为房子买得偏，上班不方便，选择了辞职。

这时候，袁枚三十三岁。

接下来将近五十年，袁枚再也不曾回到官场，翛然西山，寻诗觅醉，"放鹤去寻三岛客，任人来看四时花"。逃离宦海且财务自由的袁枚，得到大把时间逍遥玩耍，余生都在编鬼故事、浪迹青楼、旅行、赌博、文酒会友，以及约饭中度过。

《随园食单》，这部三百年来最红的食谱，便是约饭约出来的。

袁枚著成此书，一方面得益于他的"名士"光环，饭局极多，见惯江南诸珍；另一方面，有赖于他特殊的写作技巧——靠脸皮写作。

他一脸认真地在自序里说，每次去人家吃饭，只要发现好吃的，一定会派自己的厨子去人家厨房低声下气地学艺，"执弟子之礼"，死乞白赖把菜学到手，回家转授袁枚。有时馋瘾上涌，干脆派轿子去接人家府上的厨师回来做饭，他躲在旁边偷学。实在不行，就亲自出马，打躬作揖，好话说尽，务必求得才甘心：

> "蒋戟门（按：即蒋赐棨，时任江安督粮道）观察能治肴馔，甚精，制豆腐尤出名。尝问袁子才曰：'曾食我手制豆腐乎？'曰：'未也。'蒋即着犊鼻裙，入厨下。良久擎出，果一切盘餐尽废。袁因求赐烹饪法。蒋命向上三揖，如其言，始授方。归家试作，宾客咸夸。"[2]

厚了四十年的脸皮，终于汇集众味，成就了一部单机版大众点评《随园食单》，因此《随园食单》其实应该叫作《谁家有好吃的》《达官贵人拿手菜一览》《蹭饭指南》。

袁枚自认为素材收集之翔实远非古人食谱可比，书中阔步高谈，睥睨天下，凌忽前达，傲视古今，疯狂吐槽古人食谱和当时的庸俗烹饪，连前朝已故的美食大咖也不能幸免。袁枚看罢前人著作，相当不以为然，从元朝丹青宗师倪瓒，一直奚落到晚明"翻然一只云间鹤，飞来飞去宰相衙"的陈继儒和李渔，说他们是陋儒——掉价得不行，所著菜谱统统胡扯杜撰，略无可取。

于是以袁枚为中心，美食作家瞧不起前人食谱形成了一条惯例鄙视链，袁枚鄙视倪瓒，若干年后，汪曾祺先生的多部作品也狠狠鄙视了一把袁枚，正是"风水轮流转"。

其实烹饪技法随着文明发展不断进步是正常的，食材在丰富，炊具在升级，手艺在创新，味觉审美自然会越来越挑剔。而后人在各自的时代享受着最先进的味道研究成果，视从前美食如"黑暗料理"，便不奇怪了。

《随园食单》名头极大，毕竟也敌不过历史的进步。时隔近三百年再度回溯，其中不乏瑕瘥。本章择善撷录，略具一些代表性内容，寻味当年盛世珍馐。

〔清〕尤诏、汪恭《随园湖楼请业图》局部

须知单

学问之道，先知而后行，饮食亦然。"须知单"为全书总纲，阐述下厨前须明确的烹饪准则。

首先是挑选食材，袁枚的选材标准如下：猪肉选皮薄者，不腥臊；鸡选骟过的，嫩；鲫鱼要求扁身白肚，鳗鱼选湖溪生而不是江里的。

吃笋最好吃"壅笋"——笋农刻意培土捂着笋子，不令过早出土，这样的笋，节少味甜。

小炒肉用后腿肉，肉质才细嫩；肉丸用前脾心肉，肥瘦相间，筋膜较多；煨肉用肋排五花肉。

炒鱼片用青鱼、鳜鱼；做鱼松用草鱼、鲤鱼；蒸鸡用母鸡，煨鸡用骟鸡，只做鸡汤不吃肉用老鸡。古装剧经常出现的炖老母鸡汤，未必是因为贫穷，炖不起公鸡，而是老母鸡确实适合炖汤。

有些食物烹饪，讲究"君臣佐使，清者配清，浓者配浓，柔者配柔，刚者配刚，方得合和之妙"。有些食材个性太强，只适合唱独角，就不宜搭配：

> "味太浓重者，只宜独用，不可搭配。如李赞皇、张江陵一流，须专用之，方尽其才。食物中，鳗也，鳖也，蟹也，鲍鱼也，牛羊也，皆宜独食，不可加搭配。何也？此数物者味甚厚，力量甚大，而流弊亦甚多，用五味调和，全力治之，方能取其长而去其弊。何暇舍其本题，别生枝节哉？金陵人好以海参配甲鱼，鱼翅配蟹粉，我见辄攒眉。觉甲鱼、蟹粉之味，海参、鱼翅分之而不足；海参、鱼翅之弊，甲鱼、蟹粉染之而有余。"

李赞皇即李德裕，张江陵指张居正，二人皆孤峭专柄之臣，只合领袖百僚，独断专行，卒可以中兴王室；若卧榻之侧，另置一人分权争辉，更将龃龉内耗，必生大乱。比之食材，就是鳗鱼、甲鱼、蟹、鲍鱼、牛肉、羊肉，这些食材风味独特浓郁，不宜混诸同器，否则一定"串味"。

成就一道好菜，选材占四分，烹饪占六分。袁枚买下随园，聘得一个叫王小余的厨师，集买办、烹调于一身，厨技之精，菜成上席，食客风卷残云，连餐具都恨不得吞了。上述种种观点，正是出自这位厨师，袁枚与他邂逅，饮食观刷新，打开了人生新世界的大门。王小余放弃供职朱门大户的机会，只为酬报更懂吃的袁枚。后来王小余去世，袁枚思之念之，食辄堕泪。两人以味交心，更胜知己。或说，若没有这位厨师，庶几不会有《随园食单》的问世。

材料选好，接下来整治洗刷。

乾隆爷每天早上必点一碗冰糖燕窝，像孩子喝奶一样准时准点从不间断。宫里带头，风行草靡，底下权贵人家也开始附庸风雅，奢食风气蔓延开来，正是从那时候起，燕窝、海参、鲍鱼身价飞涨，迄今仍居高不落。

当时此风初开，许多人不会处理这些奢侈食材，乱做一气，大损其味，袁枚看得心疼，不得不从头开始教：

燕窝去毛，海参去泥，鹿筋去臊；做鸭子先切掉睾丸，方去骚味；做鳗鱼先洗净黏液，可除腥气。

油炸能去腻——肥肉油氽，则酥而不腻；醋杀腥，糖提鲜。袁枚做江海鲜货，冰糖是常客：一道"带骨甲鱼"，取童子甲鱼（小甲鱼）斩四块，浸猪油煎到两面焦黄，次第添水、头抽、酒，先猛火，后改小火慢煨，至八分熟时，丢些蒜、葱、姜、冰糖进去，起锅。

烧甲鱼讲究火候变化，袁枚对火候的要求近于苛刻。在没有燃气灶的时代，要精准控制火候并不容易，庖厨须紧守灶台，鼓风抽薪，以为火候文武之变。煎、炒最宜武火，火太弱，则食材易"疲"；煨、煮需文火，火太猛，食物便烧枯了，不但失之绵糯，且外焦内生。火候还有一指，指的是时间掌握。做鱼的时候，鱼肉色白如玉，凝而不散，火候恰到好处，若松而不黏，那多半是起锅时间拿捏得不好，把鲜鱼做成死鱼模样，白白糟蹋了鲜货。

袁枚一代文坛宗主，日常饭局应酬不少。袁枚并不惮于应酬——生活的幸福，莫过于知道"下顿饭有好吃的"。但袁枚的幸福憧憬，总是被糟糕的现实无情践踏，他发现一种普遍现象：请客的主人往往非要等客人就位，才张罗着开火做饭，宾客们只能坐在花厅尴尬等候，浓茶喝了一盏又一盏，直喝得饥肠辘辘、形状萎靡。主人见状焦急，一个劲儿地催促厨子，厨子为了赶速度，顾不上精烹细作，草草出菜。对袁枚来说，比起饿一会儿肚子，更让他没法接受的是，一桌子好食材，因为主人时间安排不当，生生做废了。是以他在书中强调，凡是请客，一定提前约请，留出充裕的时间采购、筹备，这不但是尊重客人，也是尊重食物。

绅缙之家总会遇到不速之客意外来访的情况，令人猝不及防，人家又很真诚很客气地表示"在家吃点就行啦，千万别下馆子"，所以家里最好储存些可以迅速烹就的救急食物，所谓"有仓卒客，无仓卒主人"是也。袁枚家长期备有炒鸡片、炒肉丝、炒虾米、豆腐、糟鱼、茶腿（茶叶、竹叶熏腿）之类，都是那个时代易贮藏，或易速烹之物。

戒单

兴一利，不如除一弊，为政如此，烹饪亦如此。能革除烹饪之弊，菜肴纵不出彩，也不至于难以下咽。戒单用意，正是为激浊扬清，矫正庖厨歧误，破除饭局陋习。

袁枚的饮食观超越时代，在他看来，当时食风槽点满满，吐不胜吐。

比方说请客的排场，非燕窝鱼翅不敢上桌。这些东西不是不好，但每逢饭局必上燕窝，千篇一律，毫无创见，未免无聊。而且主人家总是洋洋得意，指着燕窝吹嘘自己菜肴丰盛，极力推销这份人情，好像吃你一碗燕窝是我祖上积了八辈子阴德一般。袁枚指出，靠堆积奢侈食材的大餐，可称为"耳餐"，华而不实，只是听上去好吃而已。殊不知待客之诚，在于用心烹饪，而烹饪之道，在于发挥食材本身至味，燕窝海参若不得其法，味不及豆腐。

更尴尬的是，许多人家备下满席山珍海味，清一色名贵食材，却没有一味烹调得法。拿燕窝来说，原本至清之物，不宜见半点油花，偏偏有厨子熬了猪油浇上一滩。食客为迎合主人面子，狼吞虎咽，大赞好吃，耿直的袁枚实在受不了，当场翻脸："瞧你们那吃相，这辈子没吃过饭？饿死鬼投胎？"

有位知府大人宴客，袁枚应邀出席，上了一大碗白水煮燕窝，大家争相夸赞，都说从来没吃过如此好吃的东西。其实燕窝本身没什么味道，这么个吃法，跟吃白水煮粉条差不多。袁枚吃得恶心，听着违心之谀更觉恶心，又当场翻脸："呵呵，知府好有钱哦，准备了这么多不能吃的燕窝，是为了摆阔吗？怎么不直接上一碗珍珠，更显得阔气！"

> "我辈来吃燕窝，非来贩燕窝也。可贩不可吃，虽多奚为？若徒夸体面，不如碗中竟放明珠百粒，则价值万金矣。其如吃不得何？"

袁枚吐了知府一脸，知府毫无脾气。打我啊？你不敢。整我啊？在下导师是两江总督，你不敢。上折子参我？在下在野，你参不到。

今天酒桌礼仪无数，大部分非但沾不上个"礼"字，称之为陋习亦毫不为过，例如替人搛菜。替人搛菜的风气，在袁枚时代已很普遍，以他的江湖地位，赴宴动辄被众星捧月地供着，更屡遭此厄。稚子孩童人小臂短，长辈搛菜盛汤加以照拂，那是哺食。成年人聚餐，还有频频替人搛菜者，也不管人家忌不忌口，喜不喜吃，强行搛了一坨坨堆在人面前，就很让人难堪了。人家吃也不是，不吃也不是，真是受之不能，却之不恭。《论语》中子贡有句话道破被搛菜者的心声："我不欲人之加诸我也，吾亦欲无加诸人。"我不会把不愿别人强加于我的事，强加于别人身上。爱吃就是爱吃，不爱吃就是不爱吃，我不去强迫你吃不爱吃的东西，你也别来强迫我吃不爱吃的东西。

现代酒桌礼仪，多含这类一厢情愿、以主凌客的畸形制度，全然谈不上尊重和平等。中国传统的用餐礼仪，从来不曾定过这些乱七八糟的规矩，也不知道是如何杜撰出来、传承下来的，更不知将伊于胡底。袁枚说，当时这种礼仪在青楼倒是常见，烟花女子为迫诱客人花钱，强行灌酒、搛菜塞进客人口里。娼妓文化不高，处风尘久矣，强塞强灌，那是图谋酒水提成，还可以理解。后人不明所以，盲从陋俗，居然还一副世故练达的样子，仿佛给人搛筷子菜便是深谙礼仪，简直愚陋至极。陋习风行，主人的虚伪，客人的尴尬，淹没在一片推杯换盏的聒噪里，一顿饭下来，勾心斗角，心力交瘁，肚子不见得填饱，城府倒是越吃越深了。

食 · 燕窝

《随园食单》的宗旨是物尽其性，合理搭配食材，发挥食材至味，绝非尚奢求珍。对于燕窝、鱼翅、海参、鲍鱼等流俗追捧的"海珍"，袁枚并不推崇。

燕窝确立身价大致是在清代。明朝光禄寺文献记载御膳鲜见此物。《本草纲目》森罗天地，从古墓棺材板、切肉砧板上的垢腻，到厕筹、马桶箍，但凡人类可以吞下的东西，无不囊括入药，却偏偏未提燕窝，足见明朝不大流行食补燕窝之尚。

袁枚以为，燕窝乃至清之物，绝不可污以油腻，而且"至文"，忌荤腥重口食材侵暴。时有以肉丝、鸡丝混入燕窝者，一口吃进去，满嘴肉丝，根本辨不出燕窝口感，喧宾夺主。若按这路吃法，不如直接吃肉丝算了，何必再加燕窝，糟蹋东西。

但凡吃燕窝，量不可少，否则无物可吃。汲取天然泉水，烧沸浸泡，银针细细挑尽黑丝，用嫩鸡汤、上好的火腿汤加新鲜菌类熬炖，待燕窝色泽如玉而止。若一定要加其他食材，可用蘑菇丝、笋尖丝、冬瓜片、鲫鱼肚、野鸡嫩片，此皆君子之物——独善其身，不会影响其他食材味道。乾隆爷每天早上起床必喝的冰糖炖燕窝，同样遵循了燕窝的物性，取其清、柔，辅之冰糖，细腻爽口。

天下风尚，唯天子是瞻，但另一方面，学奢易，从俭难。道光帝一生清俭，不舍得吃东西，瘦成一道皇家闪电，看看清朝历代帝王像，道光帝是最干瘦的一个，天下人不学，却偏喜欢学乾隆帝的刁钻口味，排场铺张。乾隆爷吃燕窝，官场富室也跟着吃燕窝，此风经久不衰，绍承至今，把燕窝当成什么神奇补品大吃特吃者大有人在。

燕窝鱼翅，一向焦不离孟，号称摆阔双骄。清末民国名震京华的谭家菜，以粤菜北上，尤擅燕翅席，正是燕窝鱼翅领衔的豪华盛筵。

谭家菜本是官府菜，草创者原籍广东，清同治年间入京师翰林。当时京中贵胄官僚、八旗子弟生活闲散，成天提笼架鸟，听戏喝茶，约饭撩妹，请客摆阔，那是官场"刚需"。谭家父子痴迷治味，逢源其时，如鱼得水。父子二人不惜重金延揽天下名厨切磋交流，在粤菜基础上，撷取北菜精华，博揽各地烹法之长，终成一方美食大师。到了民国，谭府家道陵替，但谭家菜的名声益发响亮。谭家保持传统，接受食客预订来府上用饭，从不肯外出上门烹制，预约长期排到一个月开外，非名流、重金不能一尝。据说汪精卫曾力请谭家破例上门一次，惨遭拒绝，后来几经斡旋，谭家才勉强同意做两道菜著人送去，而绝不出府。谭家燕翅席的菜式在精不在多，选材极其讲究，烹饪则重视原味呈现，与《随园食单》宗旨一致。

首轮先上下酒菜，诸如红烧鸭肝、蒜蓉干贝、叉烧肉；次轮上大菜，黄焖鱼翅，然后所有人漱一遍口，好清空杂味，专心品尝接下来极鲜的清汤燕菜；接着便是鲍鱼或熊掌，谭家菜鼎盛时，熊掌只用熊的左掌，据说是因熊最常舔舐左掌之故；此后陆续有乌参、蒸鸡、素菜、鱼、鸭子、汤，最后上甜点。饭后用果品香茗，功成圆满。

海蜒

海蜒（yán）是宁波人的叫法，为鳀鱼幼年形态。海蜒蒸蛋，轻灵而鲜嫩，随手可为：鸡蛋液，等比例兑下凉白开，柔和均匀打散。投几尾海蜒，密封容器，旺火隔水，十分钟即成。点几滴头抽或者香油略略提鲜，简简单单一道海蜒蒸蛋，卖相安安静静，波澜不惊，而入口刹那，蛋香和海蜒的鲜灵交相释放，便将灵魂唤醒。

乌鱼蛋

去山东沿海一些餐馆，有机会吃到一种叫作"乌鱼蛋"的东西。乌鱼蛋是雌性乌贼缠卵腺（Nidamental gland）的俗称，也叫"墨鱼蛋"，有两枚，白色，左右对称。此物鲜固极鲜，却也鲜极而腥，不易料理，袁枚摸索良久，才打听到庖制法门。他说：

> "乌鱼蛋最鲜，最难服事，须河水滚透，撇沙去臊，再加鸡汤、蘑菇煨烂。"

缠卵腺的叶瓣呈书页状平行排列，较大的乌鱼蛋冲洗、水煮去腥后，可以按"页"撕成片状。照袁枚的做法，乌鱼蛋投进吊煮好的清汤煨煮，撇去浮末，黄酒杀腥，白醋改味，勾薄芡起锅。

从清洗到上席，整个过程耗时匪短，以水磨工夫，才换来不世奇鲜。雅好此味的老饕，再也顾不得搭话，顾不上烫嘴，挥匙捧钵，呼啦啦吞落胃口。这一刻，所有欲望都被满足了，敝屣荣华，浮云生死，"观止矣，若有他乐，吾不敢请已"。

特牲单

食 · 蹄膀（肘子）

袁枚家蹄膀的做法非止一门。

第一种，不带蹄爪的蹄膀白水煮至水沸，弃汤不用。蹄膀捞出洗净，用一斤好酒、一酒杯清酱（类似酱油）、一钱陈皮、四五个红枣煨烂，使糯而不腻，充分入味。起锅时，撒葱、花椒、黄酒，拣去陈皮、红枣上席。

第二种，蹄膀要走油，该吃法传承至今：选后腿蹄膀，照例先煮一到两遍去污断生，汤水泼弃。蹄膀内侧划开见骨，使肉摊开，添水煮至七八分熟，捞起入油锅，尽量令皮着油。当是时，油花飞溅，声如裂帛，"非战斗人员"迅速盖好锅盖，静听珠落玉盘之声。灼至皮皱发黄，捞起放入肉清汤中，加酱油、糖、黄酒，烧至汤汁浓稠，若得余暇，略施薄芡更美。

食 · 腰子

袁枚吃腰子的架势粗犷生猛，他以为炒不如煮，煮足一日，口感才绵。从拂晓开始折腾，打水拾柴，生火架锅，煮到晚餐上桌，直接拿来蘸椒盐吃，有"壮士！赐之彘肩"之气概。

腰子味重，袁枚也没说他吃之前有没有摘去腰臊，此物不除，腥臊难入口，所以今人吃腰子，通常不会囫囵来做。

老浙菜有一道南炒腰子：腰子剖开，去腰臊，花刀剞麦穗状，盐和淀粉上浆，笋、火腿、香菇切片，中度油温滑一下腰花，盛起沥油；下葱段煸炒，泼入酒、笋、香菇、肉汤、盐翻一翻，倒腰花爆炒，勾薄芡起锅。

话说回来，吃腰子原就该带着气吞山河的声势，毕竟那是腰子。

· 里脊

据袁枚反映，清乾隆时期的江南名士很少吃里脊肉，袁枚非常讶异：里脊肉既精且嫩，你们不吃，却喜欢吃肥膘老肉，这不神经病吗？

袁枚本来也不知里脊滋味，直到五十多岁时，扬州知府（也是棘闱后辈）谢启昆请客，袁枚收到请帖，兴冲冲赶往扬州，在谢府上吃了一道余肉片，才晓得里脊之妙，相见恨晚，捋须称赞不已，胡子都薅光了，犹未尽兴。经此一役，一个新世界在袁枚面前豁然开启，他也因此更埋怨身边的陋儒们，害他白白错过里脊肉五十年，真是痛心疾首。就像一个从小扎根学校读了十几年书而不知生活乐趣的青年，直到毕业，才晓得原来生活中还有那么多有意思的事情，可是时光已不再。

> "里肉切片，用纤粉团成小把入虾汤中，加香蕈、紫菜清煨，一熟便起。"

如今，类似的吃法广泛见于不同菜系，余、滑、水煮，传统的、改良的，或鲜或辣，精彩纷呈，再非私家秘术。

里脊薄片，水淀粉、盐、酱油上浆，按摩抓揉，上一层底味。肉片捏得差不多了，逐次下入清汤，待汤沸肉变色立即起锅，速度要快，谨防久炖肉老。

若用酱来煮，焖些蔬菜，最后撒一层辣子花椒，兜头浇一遍热油，庶几便是水煮肉片的雏形。

• 红烧肉

各地红烧肉有自己独到的烧法，工艺大同，细节小异，像上色的手段，有用酱油上色的，有用红曲的，最常见的是炒糖色大法。《随园食单》却不主张用糖色，原因未详，或只关个人好恶。

无论用不用糖色，红烧肉的主材大抵都是五花肉。肉块清洗，冷水下锅，煮开，使肉质放松，兼进一步去污拔腥。捞起切小方块，旺火烧热油，下肉块，滚至肉皮金黄，加头抽（酱油）、绍酒、白糖或冰糖、与肉等比例的水（袁枚建议只用酒，战略性放弃水）、葱、姜，武火烧开，撇清浮末，转文火焖。焖制时间需拿捏，以1小时左右为度，太久肉易炖老变柴。焖制全程忌开锅，袁枚曾专门论及此事，他说：

"常启锅盖则油走，而味都在油中矣。"

今人烧肉仍谨记此训，算好时间，能不开锅则不开锅。最后撒盐收汁，血珀般的肉块弹然落盘，锋棱不见，入口即化，食者魂销，正如东坡居士所言"人间清欢"。

 • 脱沙肉

脱沙肉属于"签菜"，签菜之名流行于两宋，元代以后鲜见，其实烹法未绝，只是换了名目。现代的蛋皮卷肉，在某些地区便称为"卷签""炸签子"，便是古称的痕迹。

做脱沙肉，取五花肉剁臊子，每斤臊子和三枚鸡蛋、半杯秋油（头抽）、葱末搅匀作馅儿，用猪网油包成肉卷，以素油煎至两面金黄。夹出沥油，加好酒一杯、清酱（酱油）半杯焖透，切片，佐韭菜、香蕈、笋丁同食。

• 粉蒸肉

粉蒸肉同样是多支菜系的公约数，浙江能见到，在湖南、江西、四川的餐桌上也是熟面孔，照袁枚的说法，则谓其为江西菜。

粉蒸肉的主体结构是蔬菜、米粉和肉三大部分，无论哪支菜系的粉蒸肉，这"老三样"总是雷打不动，如同人类骨骼大致相仿，至于皮相长成什么样子，各凭本事。

《随园食单》做法介绍要言不烦。炒米粉，米粉主要为沾肉用，不需太多，要炒黄。今人做这道菜时，常混些花椒、茴香、大料粉末，构建更立体的味道。接下来米粉拌面酱。这点又与今天不同，如今我习惯把酱、酱油、盐用于腌肉，腌一下肉，沾裹米粉，蒸的时候，油脂自内而外浸润腌料和米粉，形成味道交流，肉入味，粉更香。肥瘦参半的五花肉，滚米粉，碗内铺白菜，码好肉片，蒸熟即可。蒸的时间视肉的厚度与数量，以不少于 1 小时为佳。

食 · 八宝肉

烧肉之际下一把茶叶，可以解腻保嫩，袁枚谙于此道。一斤五花肉，冷水下锅，煮沸，捞起切柳叶片，同秋油（头批酱油）、绍酒，烧至五分熟，倒入二两贻贝（淡菜，也叫海虹）、二两鲜茶、一两香蕈、四个核桃、二两火腿丁、四两笋片、一两小磨芝麻油，同烧。待将起锅时，下二两海蜇头。

肉片吸收了贻贝、火腿之鲜，混合了茶叶的清香，形成难得一会的奇妙口感。人道袁子才"通天老狐"，果然不假，没有千年道行，焉得这等奇味？

食 · 家乡肉

长江划界，家乡肉形成南北两派，《随园食单》所载为南派，以金华所出最好。早期家乡肉，用的是火腿剩料。腌制讲究用盐三次，盐和火硝涂抹猪肉，可提味、上色，且抑制肉毒梭菌生长繁殖。以重物压实，二十到二十五天后，咸肉腌好，滋味不输火腿。

咸肉洗净切块，淘米水浸泡半日，可以取出风干，做成风肉；直接加酒焖了吃，也是至味。

缸里的咸肉在默默酝酿，若时值初春，空闲下来的老饕，不妨进山一趟，为咸肉寻找一味天作之合。"无数春笋满林生，柴门密掩断人行"，文人称笋是谦谦君子，清刚贞粹，从不为外物所扰，入脂膏而不腻，近羯羊而不膻，清清爽爽地下锅，同一众食材搅在一起，又清清爽爽地出来，夹一筷入口，它仍是一副清清爽爽的味道，其他食材不能影响它分毫。

春笋切滚刀块，热水焯过；腌好的咸肉洗净，斩断大骨，没入水中，大火烧开，转慢火炖半小时，翻一翻继续炖熟，以皮肉松软为度，捞起去骨斩块，肉汤保留听用；新鲜五花肉冷焯（冷水下锅煮沸洗净），切块，用绍酒煮到八成熟，肉汤保留；鲜肉、咸肉、春笋，配一半咸汤、一半肉汤、少许猪油，用大火烧几分钟，汤汁转白，全部改用砂锅，转小火炖，过程不宜加盖。末了根据口味稍做调整，一道"腌笃鲜"便大功告成。

食 · 蜜火腿

二十四岁那年，袁枚进京赶考，殿试传胪，圣上钦点为二甲第五名（总第八名）。一举首登龙虎榜，袁枚春风得意，同几位新科进士满京城溜达着吃喝听戏，不想接下来的朝考却出了岔子。进士中第后，除状元、榜眼、探花三位一甲，其余进士要再考一关，才能着授庶吉士，进翰林院，叫作"朝考"。袁枚朝考之前浪过了头，亢奋的神经末梢按捺不住，笔下放肆，写了几句不当言论。阅卷群臣以为语涉不庄，众口喧谤，当廷就要废了袁枚。袁枚这时只是个刚毕业三天的毛头小子，哪见过这等阵仗，吓得瑟瑟发抖。正在此时，刑部尚书、太子少保尹继善排众而出，力保袁枚，弹压众议，袁枚才保住前程，从此便感激涕零地跟着尹继善混饭吃了。

后来尹继善调任两江总督，住得离袁枚不远，袁枚为报答老师恩情，得空便去老师家蹭饭，还教了老师家的六儿子写鬼故事，搞得尹六郎一生无心仕途。尹继善亦好口腹，他贵为总督，不好成天混迹市井发掘美食，便派了袁枚这个差使替他去打探何处有好吃的。

> "尹文端公督两江时，好平章肴馔之事。尝命袁子才遍尝诸家食单，时有所称引。"[2]

这么说来，袁枚到处蹭饭，乃是奉了师命，倒也不能全怪他脸皮厚。

《随园食单》收录的尹府珍馐，最让袁枚留恋的，是"蜜汁好吃"的蜜汁火腿。

袁枚一生尝腿无数，各家火腿的选材、手艺、腌制时间皆不尽相同，品质良莠，差别很大，即使金华、兰溪、义乌的火腿，也不乏下品，他说："其不佳者，反不如腌肉矣。"尹老师乃封疆大吏，承办过乾隆帝下江南的招待事宜，府上用的火腿自然是最好的，袁枚比不了。

上好的火腿连皮切大方块，蜜、酒煨到极烂，甘鲜异常，袁枚吃完泪流满面地说，余生再也吃不到这样好的东西了。

蜜火腿后来段位升级，成了浙菜代表，艳冠东南，美名曰"蜜汁火方"：干莲子温水浸泡不低于 1 小时，剥膜、去莲心听雨；带皮火腿，皮朝下，切小方块，但皮不能切断，水、绍酒、冰糖没过火腿，旺火蒸 1 小时，原汤不用，再加绍酒、冰糖、少许水和莲子，蒸不少于 1 小时，以莲子糯软为度；第一遍蒸火腿的原汤滤过，加冰糖煮沸，撇去浮末，勾薄芡，浓浓的汤汁浇淋火方，点缀蜜饯樱桃、松子、糖桂花。

到这里，袁枚已经撑圆了。不过，肚子虽然说着不要，嘴巴却还是很想吃，总感觉有什么重要的东西忘记吃了……

没错！是鸭子！住在金陵而不吃鸭子，岂不枉沾这六朝烟水气？

羽族单

食 · 母油船鸭

旧时候出门远行，能走水路的，尽量不走旱道。陆路上供打尖休息的客店食肆着实稀少，远行者食不果腹、栖无衡门，忍饥挨冻睡不好，还要提防荒山野岭冷不丁跳出来的剪径强人。水路就不同了，安稳逸乐，无控缰之劳、颠簸之苦，船上有炉温酒，有舱遮风，倘若有钱，甚至不用带太多干粮，船家自有法子置办各种江鲜水产，鱼虾蟹蚌、菱角、鲜莼、茭白、荸荠，当然，还有鸭子。

袁枚自挂冠后，整日浪荡江湖，船没少坐，鸭子也没少吃。江南多河鸭，一大早醒来，催船家或买或捉了人家的鸭子，拔毛去臊，塞进瓦钵，厚厚切些鲜姜片，一道丢进钵里，加水、加酒、加盐——酒用绍兴百花酒，盐选青海湖池盐，密密封起钵口，从早上一直煨到日落，火候才到。打开钵盖，一股热气喷将出来，鸭肉已经煨得酥烂脱骨，汤汁浓稠，浓郁的鲜香渗入鸭肉肌理，袁枚吃得心旷神怡。举目四顾，夕阳晚照，湖水潋滟，四周摇摇晃晃的船只上，皆是吃鸭子的船客，一片呷呷声。

彼时苏浙烹饪，擅用烧、焖、煨、蒸，若备得一道上乘酱油，不啻形上之魂，以之渲染提鲜，浓墨重彩，可以点染整幅味道。

古法酿制酱油，天气是关键。浸过的黄豆煮熟，用面粉拌了盖起，曲霉菌开始疯狂生长，这个过程叫作"上黄"，也就是如今说的制曲。按比例配盐加水，选在伏天入缸，接下来就是置于日下暴晒。三伏天晒就的酱油质量最好，入秋后，第一批成品被称为"秋油"，也叫"母油"，是头抽中的极品。

那时母油价钱不菲，船家大约不好置办。但袁枚家里有的是母油存货，学了这道船鸭回家如法庖制，在百花酒、青盐和姜片之外另加入母油，鸭子便上了一层酱红色，妖娆妩媚，格外撩拨。

后来母油船鸭得到改进，用料益加丰富：鸭子掏除内脏，斩掉脚，把带皮肥猪肉和鸭子一同冷水烧沸，撇去浮末，洗净；鸭子朝下按在砂锅里，放入肥肉、盐、母油、白糖、绍酒、葱、姜片、水，先大火烧开，转文火慢煨，煨足半日，其间不宜开盖；开锅，拣去肥肉、葱、姜，鸭子翻个个儿，放些笋子、香蕈、菜心；猪油烧热，葱段爆香，淋在鸭子身上，再焖 5 分钟，关火，大功告成。

食 · 蒸鸭

老袁学来的蒸鸭，极似后来的"八宝鸭"，鸭肚子里塞满一堆乱七八糟的东西，隔水蒸透。八宝鸭出自苏菜系统，做法用的是古老的中餐烹饪技法——酿，以食材为容器，包裹其他食材加热，形成复合型味道。

八宝鸭有带骨和出骨、蒸和煨之分。带骨八宝鸭，从背部切入腹腔，掏除内脏，填以笋丁、芋头、咸肉、火腿、冬菇、莲子、虾米、糯米，上笼蒸两三个小时，整鸭上席。

老袁匆匆从人家家里偷学到这道菜，却不知名目，到了写《随园食单》时，老脸一红，胡乱写了个"蒸鸭"了事。其实八宝鸭在清朝的标准名字叫作"瓤鸭"，有瓤的鸭子，可谓贴切。当时苏浙一带，瓤鸭极受欢迎，衍生出多种口味版本，比如专供甜食党的"蜜鸭"：鸭子腹中填塞的食材改成糯米、火腿、去皮去核的红枣，鸭子表面刷一层蜂蜜，上甑蒸熟。

食 · 梨炒鸡

江浙有一系列以梨子为辅材的炒菜，如梨炒腰花、梨炒鸡，后者做法是，雏鸡胸肉切薄片，下热锅，倒油，迅速翻炒，加香油、淀粉、盐、姜汁、花椒末，翻炒，再下雪梨薄片、小块香蕈，略炒即起。袁枚特意嘱咐，这道菜装盘要用"五寸盘"，格外讲究。

食 · 生炮鸡

小雏鸡斩小块，用头抽、酒久腌，下油锅炸，炸至肉嫩断生捞起，待油滚时，复浸入炸。如此连炸三次盛出，撒盐、醋、酒、淀粉、葱花佐食。外皮金黄，香嫩不腻。

食 · 假野鸡卷

"野鸡卷"在如今粤地依然可见，如"大良肉卷"。袁枚这道"假野鸡卷"虽号称"假野鸡"，其实是要用到鸡肉的：鸡胸肉剁烂，调入生鸡蛋、清酱成馅儿，猪网油破成小片，包馅儿入油炸透，再加酱油、酒、佐料、香蕈、木耳、糖，起锅。

袁枚《随园食单》收录鸡鸭禽类菜式四十余种，大多寥寥数语，未能详言烹法，颇是憾事。最后看一看袁枚做的茶叶蛋：一百只蛋，用一两盐，粗茶煮 1 小时左右即可，最简单易行。

从燕窝鱼翅，到一枚普普通通的茶叶蛋，袁枚一视同仁。一如他奉行的美食之道：食之道，浅而深，简而博，食材不分贫富贵贱，没有不堪入口的食材，只有不肯用心的厨师。

注释

[1]〔清〕袁枚《随园记》。
[2]〔民国〕徐珂《清稗类钞·饮食类》。

名食滥觞

食·果丹皮

果丹皮本来叫"果单皮"或"果锻皮"，意思是用水果"锻造"的皮状食物。明代即见记载，松江人宋诩父子的《宋氏养生部》中说：

> "果单，先以漆先平之器，少以蜜润使滑，用桃、李、杏等果甘熟者，蒸柔取绢滤其浆，浇于蜜上，置烈日中，常摇振，晒使匀薄，俟干，揭用。林檎、柰子、楸子等果则生取浆，熬稠浇晒。"

原材料是蜂蜜、桃子，桃子亦可用李子、杏子、林檎、柰子、楸子取代，后三者均为中国原产苹果。

清代文献中的果丹皮原料多采用苹果。《康熙几暇格物编》：

> "果单出陕西。查《本草注》云：果单以楸子为之，即刘熙《释名》所谓柰油也。不知楸子所成特黄色一种耳，有红、黑二种，则以哈果为之。哈果出肃州，及宁夏、边外。回民呼为'哈忒'。今口外亦随处有之，枝干丛生，有柔刺，不甚高大……叶似野葡萄而小，结实攒聚，秋深乃熟，或赤色，或青黑色，故俗亦名红果、黑果。边人云：秋时采取，摘去枝梗，将果下锅，熬出津液，滤去渣滓，炼成薄膏，贮别器内，候少凉，膏欲凝结。略如纸房抄纸法，以木为匡，抄而成皮，匀薄如油纸，揭起阴干。红果成者，色红，黑果成者，色黑。土人以之饷远，亦名果锻皮，以自熬锻而成也。"

 · 肉松

肉松至晚在南宋便已问世，宋末陈元靓《事林广记》记有一种"肉珑松"：

> "猪羊牛精肉，切如指块，用酒、醋、水、盐、椒、马芹同煮熟，去汁，烂研，焙燥，要如茸丝，不许成屑末。鸡白肉、干虾尤佳。"

猪、羊、牛瘦肉切条，用作料煮至烂熟，漉干汤汁，研磨成粗丝状，烘干。成品需呈细丝状，若呈粉末状则失败。

清代的肉松开始加糖，做法精良，滋味更鲜。《中馈录》中道：

> "以豚肩上肉瘦多肥少者，切成长方块，加好酱油、绍酒，红烧至烂，加白糖收卤。再将肥肉捡去，略加水，再用小火熬至极烂极化，卤汁全收入肉内。用箸搅融成丝，旋搅旋熬，迫收至极干至无卤时，再分成数锅，用文火以锅铲揉炒，泥散成丝，焙至干脆，如皮丝烟形式，则得之矣。"

清末，太仓肉松名声大噪。太仓肉松的名气来自一位老年仆妇。《清稗类钞》记此事甚详，那是在光绪初年，太仓有个姓王的富豪，事母至孝。王母酷嗜肉松，但市面上的肉松品质一般，入不得这位老太太的法眼，聘请厨子来做，也总是做不出个像样的味道，老太太成天为了吃不到一口心仪的肉松闹脾气，骂儿子不上心、不孝顺，白瞎了偌大家业，连给为娘买点好肉松都不舍得，王富豪头疼不已。这天，家里来了一对母女，是来典身为仆，求口饭吃的。母亲姓苏，是个老婆婆，大概年轻时候在大户人家随名师学过焙制肉松，听说了王老爷的烦恼，自告奋勇，愿意一试。王富豪自是没有不答允的道理，苏婆婆提出要求，说做上乘肉松，需要一整口猪，王富豪也答允了；苏婆婆又提出，艺不外露，我得回家去做，做好了给老爷送过来，王富豪一一应允。第二天，苏婆婆挎着口篮子，将成品送到王家老太太饭桌上，王老太太一尝，展颜大悦。苏婆婆就此通过考核，留在了王家，专事焙制肉松。王老太太食量再大，每天也吃不了一整口猪的肉松，于是苏婆婆将剩下的拿到市场售卖，获资颇丰。过了段时间，母女俩赎身出了王家，招赘个货郎的儿子给女儿做女婿，

一家人搭棚养猪，专做肉松。是时"肉松苏婆婆"之名业已大噪，购者趋之若鹜，婆婆继续扩大规模，买地块盖门市，生意越做越大。外地慕名前来采买者络绎不绝，婆婆又定制了铁皮筒子包装，以便远客采购。还上了酱骨头项目，用做肉松所余猪骨制成。

 · 皮蛋

皮蛋号称"千年蛋"，实际上有没有一千年的历史不好说，五百年肯定是有的。明代戴羲的农书《养余月令》称之"牛皮鸭子"——鸭子即鸭蛋。

明代《宋氏养生部》（成书于 16 世纪初）呼为"混沌子"：

> "混沌子：取然炭灰一斗、石灰一升，盐水调入锅，烹一沸，俟温，苴于卵上，五七日黄白混为一处。"

· 老婆饼

老婆饼是广东地区传统点心。《清稗类钞》：

> "广州有饼，人呼之为老婆饼。盖昔有一人，好食此饼，至倾其家，后复鬻其妻购饼以食之也。以梁广济饼店所售者为尤佳。"

说的是"老婆饼"原本另有其名。有个"吃货"吃这玩意儿吃得不能自拔，为了买饼吃，连家产都变卖了，后来家底吃光，而馋瘾难解，干脆把老婆也卖了。卖老婆买饼事件，一时闹得沸沸扬扬，于是当时的吃瓜群众创造了一个新词，就叫"老婆饼"，至于老婆饼的本名，则渐渐被世人淡忘。当然这种故事传说味道较浓，未必属实。

·黄焖鸡

黄焖鸡可能出自孔府菜。宋代、明代孔府菜已成规模，但现存资料多限于清代，因此不好确定黄焖鸡的具体创制时间。

"黄焖鸡"之名，见载于清光绪年间一位姓乔的孔府内厨记账簿《省城乔厨子账》，除黄焖鸡外，这份账簿上还记录了大量看馔，底蕴深厚的显贵公府饮食之讲究可见一斑：黄焖鸡、虾、桶子鸡、炒鸡子、炒溜鱼、炒蒲菜、溜海参、烧鲫鱼、软烧鱼、烧葫子、三鲜汤、海参烧占肉、拌鸡丝、烧面鱼、炸肘子、炸胗肝、芥末鸡、茶干炒芹菜、炒鸡片、烹蛋角、炸溜鱼、余鸭肝、拌黄瓜、炒肉丝、炒双翠、盐水肘子、烧鱼、炒芸豆、蒲菜茶干、余丸子、红烧肉、醋溜豆芽、烩面泡、炒鸡丝、五香鱼、酱汁豆腐、拌芹菜、拌海蜇、卤鸡子、元宝肉、烩瑶柱羹、红烧肉、盐水鸡、鸡蛋汤、鱼翅、奶汤鱼块、海参、炒豆腐、糟烧鱼、三熏豆腐、烧面筋泡、拌什锦伙菜、芸豆炒肉、芥末豆芽、清蒸丸子、炒鸡丁、鸡肘子、粉蒸鸡、干炸鱼、炒鱿鱼、芥末肘子、烩乌鱼穗、余鸡丸鸡腰、虾仁汤、醉活虾。

孔府黄焖菜不少。清光绪二十年（1894年），孔子第七十六代孙孔令贻偕母、妻进京，为慈禧贺寿，孔母、孔妻各献一桌寿宴（名为"早膳"）。孔母进献的是：

海碗菜两道：八仙鸭子、锅烧鲤鱼；

大碗菜四道：燕窝万字金银鸭块、燕窝寿字红白鸭丝、燕窝无字三鲜鸭丝、燕窝疆字口蘑肥鸡（合为"万寿无疆"）；

中碗菜四道：清蒸白木耳、葫芦大吉翅子、寿字鸭羹、黄焖鱼骨；

怀碗菜四道：熘鱼片、烩鸭腰、烩虾仁、鸡丝翅子；

碟菜六道：桂花翅子、炒茭白、芽韭炒肉、烹鲜虾、蜜制金腿、炒王瓜酱；

克食两桌；

片盘两道：挂炉猪、挂炉鸭；

饽饽四样：寿字油糕、寿字木樨糕、百寿桃、如意卷。

另外还有燕窝八仙汤和鸡丝卤面。

孔妻进献的早膳几乎一模一样，唯独四道中碗菜的最后一道，由黄焖鱼骨改成了黄焖海参。这也体现了黄焖菜的地位。

狮子头

狮子头必称扬州,扬州人呼狮子头为"大劗肉",谐音"大斩肉",意思是斩肉抟成。实际上这道菜原本有个比较雅正的名字,叫作"葵花肉丸"。清嘉庆年间甘泉人林兰痴《邗江三百吟》:

> "肉以细切粗劗为丸,用荤素油煎成如葵黄色,俗云葵花肉丸。"

至于"狮子头",乃是戏称,谓肉丸表面"毛糙",有如雄狮之鬃,不想此称深入人心,逐渐成为通用名。清朝人的狮子头,同今天的相比差别不大。《调鼎集》:

> "大刎肉圆:取肋条肉,去皮,切细长条,粗刎。加豆粉、少许作料,用手松捺,不可搓成,或炸或蒸,衬用嫩青菜。"

材料选用肋条部位的五花肉,六分肥,四分精,该标准沿用至今。所谓"用手松捺",指掌托肉团,两手反复倒换,就是北京师傅口头禅中的"盘"。而如今北方餐馆的狮子头或四喜丸子摆盘,依然常见"衬用嫩青菜",当是清朝时留下的习惯。

到晚清民国,蟹粉狮子头亦见于文献。《清稗类钞》:

> "狮子头者,以形似而得名,猪肉圆也。猪肉肥瘦各半,细切粗斩,乃和以蛋白,使易凝固,或加虾仁、蟹粉。以黄沙罐一,底置黄芽菜或竹笋,略和以水及盐,以肉作极大之圆,置其上,上覆菜叶,以罐盖盖之,乃入铁锅,撒盐少许,以防锅裂,然后以文火干烧之。每烧数柴把一停,约越五分时更烧之,候熟取出。"

肉香与蟹鲜天作之合,南宋杨万里赞得妙:"却将一脔配两螯,世间真有扬州鹤。"古人幻想腰缠十万贯,骑鹤上扬州,集发财、做官、成仙于一身,为人生无上至境,杨万里却道,完满境界,并非缥缈难及,来一道猪肉配蟹,你我都是神仙。

有些现代人出于利益目的，喜欢为食物编造起源故事，利用"流俗词源"的错觉，把难以索解的问题答案强行附会于某些历史名人身上。鲁迅先生《南腔北调集·经验》说："人们大抵已经知道，一切文物都是历来的无名氏所逐渐的造成，建筑、烹饪、渔猎、耕种，无不如此。"今天所习见的诸多传统美食，发明者各是哪一位，多半无从确证，也无法确证，诚如鲁迅所说，那是无数无名氏在漫长时间里共同努力"逐渐地造成"。